煤矿安全规程

2025年修订版

中国法治出版社

目 录

中华人民共和国应急管理部令

（第 17 号） ……………………（ 1 ）

煤矿安全规程 ……………………（ 2 ）

第一编　总则 ………………………（ 2 ）

第二编　煤矿地质 …………………（13）

第三编　井工煤矿 …………………（18）

　第一章　设计及井巷布置 ………（18）

　第二章　矿井建设 ………………（24）

　　第一节　一般规定 ……………（24）

　　第二节　井巷掘进与支护 ……（27）

第三节　井塔、井架及井筒装备 …… (42)

第四节　建井期间生产及辅助系统 … (45)

第三章　采掘 …………………………… (58)

第一节　一般规定 ………………… (58)

第二节　回采和顶板控制 ………… (64)

第三节　采掘机械 ………………… (83)

第四节　建（构）筑物下、水体下、铁路下及主要井巷煤柱开采 … (89)

第五节　井巷和硐室维护 ………… (90)

第四章　通风 …………………………… (94)

第五章　瓦斯与煤尘爆炸防治 ………… (115)

第一节　瓦斯防治 ………………… (115)

第二节　煤尘爆炸防治 …………… (129)

第六章　煤与瓦斯突出防治 …………… (131)

第一节　一般规定 ………………… (131)

第二节　区域综合防突措施 ……… (139)

第三节　局部综合防突措施 ……… (145)

第七章　防灭火 ………………………… (150)

第一节　一般规定 ………………… (150)

第二节　井上火灾防治……………（156）
第三节　井下火灾防治……………（159）
第四节　井下火区管理……………（169）
第八章　防治水………………………………（174）
第一节　一般规定…………………（174）
第二节　地面防治水………………（177）
第三节　井下防治水………………（180）
第四节　井下排水…………………（188）
第五节　探放水……………………（191）
第九章　冲击地压防治………………………（196）
第一节　一般规定…………………（196）
第二节　区域防治…………………（202）
第三节　局部防治…………………（206）
第四节　巷道支护与安全防护……（209）
第十章　爆炸物品和井下爆破………………（212）
第一节　爆炸物品贮存……………（212）
第二节　爆炸物品运输……………（220）
第三节　井下爆破…………………（224）
第十一章　运输、提升和空气压缩机　…（238）

3

第一节	平巷和倾斜井巷运输	(238)
第二节	立井提升	(263)
第三节	钢丝绳和连接装置	(273)
第四节	提升装置	(287)
第五节	空气压缩机	(298)

第十二章 电气 (301)

第一节	一般规定	(301)
第二节	电气设备和保护	(310)
第三节	井下机电设备硐室	(313)
第四节	输电线路及电缆	(314)
第五节	照明和信号	(320)
第六节	井下电气设备保护接地	(323)
第七节	电气设备、电缆的检查、维护和调整	(326)
第八节	井下电池电源	(329)

第十三章 监控与通信 (332)

第一节	一般规定	(332)
第二节	安全监控	(334)
第三节	人员位置监测	(351)

第四节　通信 …………………………（352）

第五节　视频监视 ……………………（353）

第四编　露天煤矿 …………………………（354）

第一章　一般规定 …………………………（354）

第二章　钻孔爆破 …………………………（362）

第一节　一般规定 ……………………（362）

第二节　钻孔 …………………………（363）

第三节　爆破 …………………………（364）

第三章　采装 ………………………………（372）

第一节　一般规定 ……………………（372）

第二节　单斗挖掘机采装 ……………（373）

第三节　破碎 …………………………（379）

第四节　轮斗挖掘机采装 ……………（380）

第五节　拉斗铲作业 …………………（381）

第四章　运输 ………………………………（382）

第一节　铁路运输 ……………………（382）

第二节　公路运输 ……………………（386）

第三节　带式输送机运输 ……………（389）

第五章　排土 ………………………………（391）

第六章　边坡·············（395）
　第一节　滑坡危险性鉴定·············（395）
　第二节　监测预警·············（398）
　第三节　边坡管理·············（400）
第七章　防治水和防灭火·············（402）
　第一节　防治水·············（402）
　第二节　防灭火·············（404）
第八章　电气·············（405）
　第一节　一般规定·············（405）
　第二节　变电所（站）和配电设备···（406）
　第三节　架空输电线和电缆·············（407）
　第四节　电气设备保护和接地·············（411）
　第五节　电气设备操作、维护和调整·············（413）
　第六节　爆炸物品库和炸药加工区安全配电·············（416）
　第七节　照明和通信·············（418）
第九章　设备检修·············（418）

第五编　职业病危害防治……………（423）
第一章　职业病危害管理……………（423）
第二章　粉尘防治……………………（424）
第三章　热害防治……………………（431）
第四章　噪声防治……………………（432）
第五章　有害气体防治………………（433）
第六章　职业健康监护………………（434）

第六编　应急救援……………………………（437）
第一章　一般规定……………………（437）
第二章　安全避险……………………（442）
第三章　救援队伍……………………（445）
第四章　救援装备与设施……………（447）
第五章　救援指挥……………………（449）
第六章　灾变处理……………………（451）

附则……………………………………………（459）

附录　主要名词解释…………………………（461）

中华人民共和国应急管理部令

第 17 号

《煤矿安全规程》已经 2025 年 7 月 7 日应急管理部第 17 次部务会议修订通过,现予公布,自 2026 年 2 月 1 日起施行。

部 长 王祥喜

2025 年 7 月 24 日

煤矿安全规程

第一编 总 则

第一条 为保障煤矿安全生产和从业人员的人身安全与健康，防止煤矿事故与职业病危害，根据《中华人民共和国煤炭法》《中华人民共和国矿山安全法》《中华人民共和国安全生产法》《中华人民共和国职业病防治法》《中华人民共和国消防法》《煤矿安全生产条例》和《安全生产许可证条例》等，制定本规程。

第二条 在中华人民共和国领域和中华人民共和国管辖的其他海域内从事煤炭生产和煤矿建设活动，必须遵守本规程。

第三条 煤矿企业进行生产，应当依照

《安全生产许可证条例》等规定取得安全生产许可证。未取得安全生产许可证的,不得生产。

第四条　煤矿企业必须配备技术负责人,并根据煤矿的灾害类型、灾害程度、生产能力和规模等设置相应的安全生产管理机构,建立健全并落实安全技术管理体系。

煤矿必须配备符合要求的专职矿长、总工程师,分管安全、生产、机电的副矿长,设置专门机构负责煤矿安全生产与职业病危害防治管理工作,配备满足工作需要的人员及装备。

煤与瓦斯突出、高瓦斯、煤层容易自燃煤矿应当配备专职通风副总工程师,冲击地压煤矿应当配备专职防冲副总工程师,水文地质类型复杂和极复杂煤矿应当配备专职地测防治水副总工程师,以上煤矿还应当设立相应的专门防治机构和专业队伍。

第五条　煤矿企业必须遵守国家有关安全生产的法律、法规、规章、规程、标准和技术规范。

煤矿企业必须加强安全生产管理，建立健全全员安全生产责任制与职业病危害防治责任制。

煤矿企业应当建立安全生产责任制管理考核、安全目标管理、安全风险分级管控、事故隐患排查治理与报告、安全投入保障、事故报告与责任追究、主要灾害预防管理、隐蔽致灾因素普查、生产安全设备采购查验、矿用设备器材使用管理、领导带班下井（露天矿场）、安全检查、安全生产奖惩、安全教育培训、劳动用工管理、安全办公会议、安全技术措施审批、安全操作规程管理、安全限员、安全监测、复工复产验收、值班、事故应急救援、应急演练等制度。

除上述制度外，煤矿还应当建立健全"三违"管理、入井检身、出入井人员清点、乘罐、测风、爆炸物品领退、井巷维修、敲帮问顶及围岩观测、"一炮三检"和"三人连锁爆破"、巡回检查、煤尘防治、设备设施检查维修、安全避险设施管理和使用、停送电、雨季巡视、重大风险灾害停产撤人等制度。此外，煤矿应当依法依规建立与灾害类型相适应的管理制度。

煤矿必须制定作业规程和操作规程。

第六条 带班矿领导应当对采煤、掘进等重点部位、关键环节，以及石门揭煤、探放水、巷道贯通、清理煤仓、强制放顶、火区密闭和启封、动火以及国家矿山安全监察局规定的其他危险作业等进行现场检查巡视。

井下无人作业时，可以不实行矿领导带班下井。

第七条 煤矿企业、煤矿必须向从业人员告知作业场所和工作岗位存在的危险有害因素及防范措施、事故应急措施、职业病危害及其后果、职业病危害防护措施等。

煤矿企业、煤矿必须支持工会等组织对煤矿安全生产与职业病危害防治工作的监督活动，发挥群众的监督作用。

第八条 从业人员有权制止违章作业，拒绝违章指挥；当工作地点出现险情时，有权立即停止作业，撤到安全地点；当险情没有得到处理不能保证人身安全时，有权拒绝作业。

从业人员有权了解煤矿安全生产与职业病危害防治工作，实行监督并提出建议。

从业人员必须遵守煤矿安全生产规章制度、作业规程和操作规程，严禁违章指挥、违章作业。

第九条 煤矿企业、煤矿必须对从业人员进行安全生产教育和培训。未经安全生产教育和培训合格的从业人员，不得上岗作业。

主要负责人和安全生产管理人员必须具备与煤矿生产经营活动相应的安全生产知识和管理能力，并经考核合格；特种作业人员必须按照国家有关规定培训合格，取得资格证书，方可上岗作业。

第十条 入井（露天矿场）人员必须佩戴安全帽等个体防护用品，穿带有反光标识的工作服，严禁携带烟草和点火物品，入井（露天矿场）前严禁饮酒。

入井人员必须随身携带自救器、标识卡和矿灯，严禁穿化纤衣服。

煤矿必须掌握入井（露天矿场）人员数量和井下人员实时位置信息。

第十一条 煤矿企业、煤矿应当积极推广使用自动化、智能化技术及设备，鼓励和支持矿用产品研发和先进适用技术、工艺的应用。

涉及安全生产的新技术、新工艺试验必须由煤矿企业进行方案论证、安全措施审批，并向属地煤矿安全监管部门和驻地矿山安全监察机构报告；新设备、新材料必须经过安全性能检验，取得产品工业性试验安全标志。

煤矿使用的纳入安全标志管理的产品，必须取得煤矿矿用产品安全标志。

煤矿应当建立安全设备台账，对安全设备进行经常性维护、保养并定期检测，保证正常运转，对安全设备购置、入库、使用、维护、保养、检测、维修、改造、报废等进行全流程记录并存档。

严禁使用国家明令禁止使用或者淘汰的危及生产安全和可能产生职业病危害的技术、工艺、材料和设备。

第十二条 煤矿应当遵循露天开采优先的原则,生产布局合理,采、掘(剥)、灾害治理平衡。

第十三条 有突出危险煤层的新建矿井必须先抽后建,首采区内有突出危险且瓦斯压力大于 3MPa 的煤层,必须进行地面钻井预抽,将瓦斯压力降至 2MPa 以下后,方可开工建设。

第十四条 煤矿建设项目的安全设施和职业病危害防护设施,必须与主体工程同时设计、同时施工、同时投入使用。

第十五条 煤矿企业在编制生产建设长远发展规划和年度生产建设计划时,必须编制安全技术与职业病危害防治发展规划和安全技术措施计划。安全技术措施与职业病危害防治所需费用、材料和设备等必须列入企业财务、供应计划。

煤炭生产与煤矿建设的安全投入和职业病危害防治费用提取、使用必须符合国家有关规定。

第十六条 煤矿应当根据生产计划、区域地质条件、灾害类型制定年度灾害预防和处理计划，由矿长组织实施，并根据具体情况及时修改。年度灾害预防和处理计划应当与应急救援预案相衔接。

第十七条 井工煤矿必须按照规定填绘反映实际情况的下列图纸：

（一）矿井地形地质图和综合水文地质图。

（二）井上、下对照图。

（三）巷道布置图。

（四）采掘工程平面图。

（五）可采煤层底板等高线及资源储量估算图。

（六）通风系统图。

（七）井下运输系统图。

（八）安全监控系统布置图和断电控制图、人员位置监测系统图。

（九）压风、供水、排水、防尘、防火注浆（注氮气、二氧化碳）、抽采瓦斯等管路系统图。

（十）井下通信系统图。

（十一）井上、下配电系统图和井下电气设备布置图。

（十二）井下避灾路线图。

第十八条 露天煤矿必须按照规定填绘反映实际情况的下列图纸：

（一）地形地质图。

（二）工程地质平面图、断面图。

（三）综合水文地质图。

（四）采剥、排土工程平面图和运输系统图。

（五）供配电系统图。

（六）通信系统图。

（七）防排水系统图。

（八）边坡监测系统平面图。

（九）井工采空区与露天矿平面对照图。

第十九条 临时停工停产的井工煤矿必须制定安全技术措施，保证矿井供电、通风、排水、通信、安全监控和人员位置监测系统正常运行，落实 24 小时值班制度。

复工复产前必须进行全面安全检查。

第二十条 煤矿露天转井工开采或者井工转露天开采的，应当履行设计重大变更审查程序。

第二十一条 煤矿企业、煤矿必须建立应急救援组织，健全规章制度，编制应急救援预案，每年至少组织 1 次全员应急救援培训，每半年至少组织 1 次应急演练，储备应急救援物资、装备并定期检查补充。

煤矿必须建立矿井安全避险系统，对井下人员进行安全避险培训。

第二十二条 煤矿应当有创伤急救机构为其服务。创伤急救机构应当配备救护车辆、急救器材、急救装备和药品等。

第二十三条　煤矿发生事故后，煤矿企业主要负责人和技术负责人必须立即采取措施组织抢救，矿长负责抢救指挥，并按照有关规定及时上报。

第二十四条　国家实行资质管理的，煤矿企业应当委托具有国家规定资质的机构为其提供鉴定、检测、检验等服务，鉴定、检测、检验机构对其作出的结果负责。

瓦斯等级、冲击地压、煤层自燃倾向性、煤尘爆炸性、露天煤矿滑坡危险性等煤矿灾害等级鉴定应当纳入安全检测、检验范围，鉴定机构应当具备国家规定的资质条件，具体管理办法由国家矿山安全监察局制定并组织实施。

第二十五条　关闭煤矿必须编制专项报告，并向省级煤矿安全监管部门、煤炭行业管理部门和驻地矿山安全监察机构报告。

报告必须有完善的各种地质资料，在相应图件上标注采空区、煤柱、井筒、巷道、火区、地面沉陷区等，情况不清的应当予以说明。

第二编 煤矿地质

第二十六条 煤矿企业应当建立完善的地质保障体系,健全地质工作管理机构或者岗位。煤矿应当设立地质测量(简称地测)工作部门,制定地测工作规章制度,配齐所需的相关专业技术人员和仪器设备,及时开展各项地质工作。

第二十七条 煤矿地质工作的主要任务是查明煤矿地层、地质构造、煤层、瓦斯、冲击地压、水文地质、工程地质特征及其变化规律,查明影响煤矿安全生产的隐蔽致灾因素,开展地质类型划分等工作。

第二十八条 煤矿必须编制地质勘探报告、建井(矿)地质报告、生产地质报告、隐蔽致灾因素普查报告等;编绘地层综合柱状图、煤岩层对比图、地形地质图、可采煤层底板等高线及资源储量估算图、地质剖面图、综合水文地质图、采掘（剥）工程平面图、井上下对照图等；建立地质信息数据库，并及时动态更新。

生产地质报告、地质类型划分报告每3年修编1次，当地质类型划分未发生较大变化时可以合并编制，由煤矿企业技术负责人审批。煤矿发生突水、煤与瓦斯突出、冲击地压等较大以上事故或者影响煤矿地质类型划分的地质条件发生较大变化时，煤矿应当在1年内重新进行地质类型划分。

第二十九条　煤矿建设前，应当对勘探报告的地质构造、煤层、瓦斯地质、水文地质、工程地质及冲击危险性等地质条件的查明程度进行系统分析；核实井田范围内钻孔资料、位置及封孔质量，采空区分布情况；调查邻近矿井生产情况和地质资料，施工井筒检查孔，编制井筒检查孔报告、主要井巷工程预想地质剖面图及其说明书。当地质资料不能满足要求时，不得进行煤矿设计和建设。

第三十条 煤矿建设期间,建设工程揭露的地层、煤层、构造、瓦斯地质、工程地质、水文地质、环境地质等条件与原地质勘探报告发生较大变化时,应当及时开展补充地质勘探工作。

第三十一条 井巷揭煤前,应当探明煤层厚度、地质构造、瓦斯地质、水文地质及顶底板等地质条件,编制揭煤地质说明书。

第三十二条 煤矿建设、生产期间,必须对揭露的岩层、煤层、褶曲、断层、软弱夹层、裂隙、岩浆岩体、陷落柱、含水层和矿井涌水量变化及主要出水点等进行观测、描述和综合分析,实施地质预测、预报。

第三十三条 煤矿建设竣工移交生产前,必须由建设单位编制建井(矿)地质报告,由煤矿企业技术负责人审批。

第三十四条 煤矿生产期间,应当根据采掘地质条件的变化,选择有针对性的地面或者井下勘查技术,开展地质勘探,防止误揭煤层、含水层、含（导）水断层等事故的发生。露天煤矿应当查清边坡地质条件，并开展滑坡危险性鉴定。

第三十五条 煤矿生产期间，应当加强水文地质条件及导水通道调查评价，预测、预报涌水量及其变化。当水文地质条件发生较大变化时应当开展专门水文地质补充勘探。

第三十六条 矿井生产期间，各采区应当及时开展瓦斯含量、压力、涌出量及地质构造等瓦斯地质探测，为编制瓦斯地质图、瓦斯防治提供基础地质资料。

第三十七条 矿井生产期间，应当收集资料，掌握煤尘爆炸危险性、煤层自燃倾向性、煤岩层冲击倾向性、地温异常等开采技术条件。

第三十八条 矿井生产期间，应当开展地面塌陷、岩层移动、裂隙发育等监测工作，发现异常后应当及时采取预防措施防止诱发地质灾害。

第三十九条 煤矿必须开展隐蔽致灾因素

普查，查明影响煤矿安全生产的断层、陷落柱、地下含水体、井下火区等隐蔽致灾因素，并编制隐蔽致灾因素普查报告。

隐蔽致灾因素普查报告由煤矿企业技术负责人组织审查，当地质条件发生较大变化时应当及时修编。

第四十条 巷道掘进和工作面回采前，应当根据隐蔽致灾因素普查报告和重大灾害治理情况，分析地质构造特征、煤层及其顶底板岩性、遗留煤柱、岩浆岩体、含水体、陷落柱、瓦斯、采空区等的查明程度，对异常情况开展超前探测，并编制地质说明书。

第四十一条 煤矿新采区开拓或者水平延深前，应当分析现有地质资料的可靠程度；当各类地质条件的查明程度不能满足新采区开拓或者水平延深需求时，应当及时开展补充地质勘探工作。补充勘探设计和地质勘探报告由煤矿企业技术负责人审批。

第四十二条 煤矿应当积极采用新技术、

新方法、新设备，实施煤层、岩层、构造、瓦斯、水等各类地质体的协同勘查，逐步实现地质工作透明化、智能化。

第三编　井工煤矿

第一章　设计及井巷布置

第四十三条　矿井设计应当依据地质勘探报告和灾害评估成果，综合考虑井田地形地貌、地质条件、煤层赋存条件、开采技术条件、安全条件等因素选择井口位置、开拓方式、井底车场形式与层位、主要大巷布置形式与位置、采（盘）区布置等。

具有煤与瓦斯突出、冲击地压危险的矿井，应当分区开拓、开采，避免不合理的集中布置、生产。

第四十四条　矿井在设计前必须完成井田

范围内水、火、瓦斯、顶板、冲击地压、粉尘、热害及其他灾害评估工作，评估主要包含下列内容：

（一）矿井采掘工程可能揭露的所有平均厚度0.3m以上煤层的突出危险性。

（二）矿井和采掘工作面的瓦斯涌出量。

（三）矿井水文地质类型及开采过程中发生突水的可能性。

（四）可采煤层的冲击危险性、自燃倾向性和煤尘爆炸危险性。

第四十五条　新建及改扩建大中型矿井开采深度不应超过1200m，小型矿井开采深度不应超过600m，国家组织的煤炭深部安全开采试验除外。

新建突出矿井设计生产能力不得低于0.9Mt/a。

矿井同时生产的水平不得超过2个。

第四十六条　矿井设计与开拓部署应当统筹考虑矿井服务年限内不同阶段主要灾害的特

点及防治对策。

矿井各开采水平、区域的瓦斯或者冲击危险性等级不一致时,矿井的生产系统和设备选型必须按照较高等级进行设计。

第四十七条 井筒位置应当尽量避开断层破碎带、采空区、煤与瓦斯突出煤层或者软弱岩层,严禁穿过陷落柱、溶洞。

新建的井底车场巷道及主要硐室不得布置在有煤与瓦斯突出危险或者强冲击地压危险的煤层中。

第四十八条 进风井口必须布置在粉尘、有害和高温气体不能侵入的地点。已布置在粉尘、有害和高温气体能侵入的地点的,应当制定安全措施。

第四十九条 突出及按照突出设计的矿井,采掘布置应当遵守下列规定:

(一)斜井和平硐,运输和轨道大巷、总进(回)风巷等主要井巷应当布置在岩层或者无突出危险煤层内。突出煤层的其他巷道优先布置在被保护区域或者无突出危险区域内。

（二）应当减少井巷揭开（穿）突出煤层的次数，揭开（穿）突出煤层的地点应当合理避开地质构造带。

第五十条 开拓巷道不得布置在有煤与瓦斯突出危险、强冲击地压危险的煤层以及防水（砂）煤岩柱中，不应布置在软弱地层和富水性较强的地层中，应当避开构造应力集中区。

深部矿井或者高地应力矿井，开拓巷道应当结合水平主应力方向合理布置；布置在有冲击地压危险煤层中的开拓大巷，应当综合分析、合理确定保护煤柱留设宽度，由煤矿企业技术负责人审批；布置在自燃、容易自燃煤层中的开拓巷道，必须采取可靠的防灭火措施。

第五十一条 矿井采（盘）区划分应当满足开采工艺、通风、运输和巷道维护等要求，充分考虑井田内较大断层等构造因素，有利于煤与瓦斯突出、冲击地压、水害、火灾等重大灾害防治。

采（盘）区开采前必须按照生产布局和资源回收合理的要求编制采（盘）区设计，并严格按照采（盘）区设计组织施工，情况发生变化时应当及时修改设计。

第五十二条 矿井必须至少有2个能行人的通达地面的安全出口，各出口间距不得小于30m。

新建、改扩建矿井的回风井严禁兼作提升和行人通道，紧急情况下可以作为安全出口。

井下每一个水平到上一个水平、各个采（盘）区都必须至少有2个便于行人的安全出口，并与通达地面的安全出口相连。未建成2个安全出口的水平或者采（盘）区严禁回采。

第五十三条 矿井同时回采的采煤工作面个数原则上不得超过3个，煤（半煤岩）巷掘进工作面个数原则上不得超过9个。严禁以掘代采。

按照"一井一面""一井两面"核准的矿井，原则上不再增加同时回采的采煤工作面。

如果开采煤层厚度变薄，可以适当增加采煤工作面数量。

薄煤层或者长壁充填开采需增加采掘工作面个数时，中央企业应当向国家矿山安全监察局报告，其他企业应当向省级煤矿安全监管部门和驻地矿山安全监察机构报告。

第五十四条　有煤与瓦斯突出或者冲击地压危险的煤层，应当优先开采保护层。

第五十五条　矿井应当保证正常的采掘接续，并遵守下列规定：

（一）开拓煤量、准备煤量及回采煤量应当保持平衡。

（二）回采巷道施工前，水平或者采（盘）区应当形成完整的通风、排水、供电、通信等系统。

（三）不得因采掘接续紧张，随意调整采区划分和工作面布置。

（四）煤层群开采时，施工近距离煤层巷道前，应当留有合理的顶底板稳定时间。

（五）瓦斯、冲击地压、水害等重大灾害治理达标后，方可进行采掘活动。

第二章 矿井建设

第一节 一般规定

第五十六条 煤矿建设单位和参与建设的勘察、设计、施工、监理等单位必须具有与工程项目规模相适应的能力。国家实行资质管理的，应当具备相应的资质，不得超资质承揽项目。

第五十七条 煤矿建设项目的建设单位是安全生产管理的责任主体，必须设置项目管理机构，按照要求配齐安全技术管理人员，应当对参与煤矿建设项目的设计、施工、监理等单位进行统一协调管理，对煤矿建设项目安全管理负总责。

建设单位应当查清构造、瓦斯、水文地

质、煤层自燃倾向性、煤尘爆炸危险性、冲击危险性、采空区等建设条件。

建设单位应当编制应急救援预案，建立救援队伍或者签订救援协议，配备必要的应急救援物资、装备和设施。

第五十八条 煤矿建设项目的施工单位必须设置项目管理机构，配备满足工程需要的安全人员、技术人员和特种作业人员，建立健全并落实全员安全生产责任制，对工程施工安全和施工质量负责。

勘察单位、设计单位、监理单位对所承担业务范围内的安全和质量负责。

第五十九条 建设单位负责组织编制矿井单项工程施工组织设计和定期开展隐蔽致灾因素普查。施工单位施工期间应当开展日常隐患排查，并配合开展隐蔽致灾因素普查。

第六十条 井筒设计前，必须按照下列要求施工井筒检查孔：

（一）立井井筒检查孔距井筒中心不大于

25m，且不得布置在井筒范围内，孔深应当不小于井筒设计深度以下30m。地质条件复杂时，应当增加检查孔数量。

（二）斜井井筒（平硐）检查孔距井筒纵向中心线所在垂直面不大于25m，且不得布置在井筒范围内，孔深应当不小于该孔所处斜井井筒（平硐）底板以下30m。检查孔的数量和布置应当满足设计和施工要求。

（三）井筒检查孔必须全孔取芯，全孔数字测井；必须分含水层（组）进行抽水试验，分煤层采测煤层瓦斯、煤层自燃、煤尘爆炸性煤样；采测钻孔水文地质及工程地质参数，查明地质构造和岩（土）层特征；详细编录钻孔完整地质剖面。

第六十一条 矿井建设期间必须按照规定填绘反映实际情况的井巷工程进度交换图、井巷工程地质实测素描图及通风、供电、运输、通信、监测、管路等系统图。

第六十二条 矿井建设期间的安全出口应

当符合下列要求：

（一）开凿或者延深立井时，井筒内必须设有在提升设备发生故障时专供人员出井的安全设施和出口；井筒到底后，应当先短路贯通，形成至少2个通达地面的安全出口。

（二）相邻的两条斜井或者平硐施工时，应当及时按照设计要求贯通联络巷。

第二节 井巷掘进与支护

第六十三条 开凿平硐、斜井和立井时，井口与坚硬岩层之间的井巷必须砌碹或者用混凝土砌（浇）筑，并向坚硬岩层内至少延深5m。

在山坡下开凿斜井和平硐时，井口顶、侧必须构筑挡墙和防洪水沟。

第六十四条 立井锁口施工时，应当遵守下列规定：

（一）采用冻结法施工井筒时，应当在井筒具备试挖条件后施工。

（二）风硐口、安全出口与井筒连接处应

当整体浇筑，并采取安全防护措施。

（三）拆除临时锁口进行永久锁口施工前，在永久锁口下方应当设置保护盘，并满足通风、防坠和承载要求。

第六十五条　立井永久或者临时支护到井筒工作面的距离及防止片帮的措施必须根据岩性、水文地质条件和施工工艺在作业规程中明确。

第六十六条　立井井筒穿过冲积层、松软岩层或者煤层时，必须有专门措施。采用井圈或者其他临时支护时，临时支护必须安全可靠、紧靠工作面，并及时进行永久支护。建立永久支护前，每班应当派专人观测地面沉降和井帮变化情况；发现危险预兆时，必须立即停止作业，撤出人员，进行处理。

第六十七条　采用冻结法开凿立井井筒时，应当遵守下列规定：

（一）冻结深度应当深入稳定的不透水基岩10m以上。

（二）施工第一个冻结孔时，应当在到达设计冻结深度 30m 前，开始取芯核实地层。

（三）钻进冻结孔时，必须测定钻孔的方位和顶角，测斜的最大间隔不得超过 30m，并绘制冻结孔实际偏斜平面位置图。偏斜度超过规定时，必须及时纠正。因钻孔偏斜影响冻结效果时，必须补孔。

（四）水文观测孔应当打在井筒内，不得偏离井筒的净断面，其深度不得超过冻结段深度。

（五）冻结管应当采用无缝钢管，并采用焊接或者螺纹连接。冻结管下入钻孔后应当进行试压，发现异常时，必须及时处理。

（六）开始冻结后，必须经常观察水文观测孔的水位变化。只有在水文观测孔冒水 7 天且水量正常，或者提前冒水的水文观测孔水压曲线出现明显拐点且稳定上升 7 天，确定冻结壁已交圈后，才可以进行试挖。

（七）在冻结和开凿过程中，要定期检查

盐水温度和流量、井帮温度和位移，以及井帮和工作面盐水渗漏等情况。检查应当有详细记录，发现异常，必须及时处理。

（八）开凿冻结段采用爆破作业时，必须使用抗冻炸药，并制定专项措施。爆破技术参数应当在作业规程中明确。

（九）掘进施工过程中，必须有防止冻结壁变形和片帮、断管等的安全措施。

（十）生根壁座应当设在含水较少的稳定坚硬岩层中。

（十一）冻结深度小于300m时，在永久井壁施工全部完成后方可停止冻结；冻结深度大于300m时，停止冻结的时间由建设、冻结、掘砌和监理单位根据冻结温度场观测资料共同研究确定。

（十二）冻结井筒的井壁结构应当采用双层或者复合井壁，井筒冻结段施工结束后应当及时进行壁间充填注浆。注浆时壁间夹层混凝土温度应当不低于4℃，且冻结壁仍处于封闭状态,并能承受外部水静压力。

(十三)在冲积层段井壁不应预留或者后凿梁窝。

(十四)当冻结孔穿过布有井下巷道或者硐室的岩层时,应当采用缓凝浆液充填冻结孔壁与冻结管之间的环形空间,充填高度应当超过巷道或者硐室顶板以上不少于100m。

(十五)冻结施工结束后,必须及时用水泥浆、水泥砂浆或者混凝土等胶凝材料将冻结孔、测温孔全孔充满填实。

第六十八条 采用竖孔冻结法开凿斜井井筒时,应当遵守下列规定:

(一)沿斜井轴线方向冻结终端位置应当保证斜井井筒顶板位于相对稳定的隔水地层5m以上,每段竖孔冻结深度应当穿过斜井冻结段井筒底板5m以上。

(二)沿斜井井筒方向掘进的工作面,距离每段冻结终端不得小于5m。

(三)冻结段初次支护及永久支护距掘进

工作面的最大距离、掘进到永久支护完成的间隔时间必须在施工组织设计中明确，并制定处理冻结管和解冻后防治水的专项措施。永久支护完成后，方可停止该段井筒冻结。

第六十九条 冻结站必须采用不燃性材料建筑，并装设通风装置。定期测定站内空气中的氨气浓度，氨气浓度不得大于0.004%。站内严禁烟火，必须备有急救和消防器材。

制冷剂容器必须经过试验，合格后方可使用；制冷剂在运输、使用、充注、回收期间，应当有安全技术措施。

第七十条 冬季或者用冻结法开凿井筒时，必须有防冻、清除冰凌的措施。

第七十一条 采用装配式金属模板砌筑内壁时，应当严格控制混凝土配合比和入模温度。混凝土配合比除满足强度、坍落度、初凝时间、终凝时间等设计要求外，还应当采取措施减少水化热。脱模时混凝土强度不小于0.7MPa，且套壁施工速度每24h不得超过12m。

第七十二条 采用钻井法开凿立井井筒时，必须遵守下列规定：

（一）钻井设计与施工的最终位置必须穿过冲积层，并进入不透水的稳定基岩中 5m 以上。

（二）钻井临时锁口深度应当大于 4m，且进入稳定地层中 3m 以上，遇特殊情况应当采取专门措施。

（三）钻井期间，必须封盖井口，并采取可靠的防坠措施；钻井泥浆浆面必须高于地下静止水位 0.5m，且不得低于临时锁口下端 1m；井口必须安装泥浆浆面高度报警装置。

（四）泥浆沟槽、泥浆沉淀池、临时蓄浆池均应当设置防护设施。泥浆的排放和固化应当满足环保要求。

（五）钻井时必须及时测定井筒的偏斜度。偏斜度超过规定时，必须及时纠正。井筒偏斜度及测点的间距必须在施工组织设计中明确。钻井完毕后，必须绘制井筒的纵横剖面图，并筒中心线和截面必须符合设计。

（六）井壁下沉时井壁上沿应当高出泥浆浆面1.5m以上。井壁对接找正时，内吊盘工作人员不得超过4人。

（七）井壁下沉安装、壁后充填及充填质量检查、开凿井壁底或者开掘马头门时，必须制定专项措施。

第七十三条 立井井筒穿过预测涌水量大于10m³/h的含水岩层或者破碎带时，应当采用地面或者工作面预注浆法进行堵水或者加固。注浆前，必须编制注浆工程设计和施工组织设计。

第七十四条 采用注浆法防治井壁漏水时，应当制定专项措施并遵守下列规定：

（一）最大注浆压力必须小于井壁承载强度。

（二）位于流砂层的井筒段，注浆孔深度必须小于井壁厚度200mm。井筒采用双层井壁支护时，注浆孔应当穿过内壁进入外壁

100mm。当井壁破裂必须采用破壁注浆时，必须制定专门措施。

（三）注浆管必须固结在井壁中，并装有阀门。钻孔可能发生涌砂时，应当采取套管法或者其他安全措施。采用套管法注浆时，必须对套管与孔壁的固结强度进行耐压试验，只有达到注浆终压后才可使用。

第七十五条 开凿或者延深立井、安装井筒装备的施工组织设计中，必须有天轮平台、翻矸平台、封口盘、保护盘、吊盘以及凿岩、抓岩、出矸等设备的设置、运行、维修的安全技术措施。

第七十六条 延深立井井筒时，必须用坚固的保险盘或者留保护岩柱与上部生产水平隔开。只有在井筒装备完毕、井筒与井底车场连接处的开凿和支护完成，制定安全措施后，方可拆除保险盘或者掘凿保护岩柱。

第七十七条 向井下输送混凝土时，必须制定安全技术措施。混凝土强度等级大于C40

或者输送深度大于400m时，严禁采用溜灰管输送。

第七十八条 斜井（巷）施工时，应当遵守下列规定：

（一）明槽开挖必须制定防治水和边坡防护专项措施。

（二）由明槽进入暗硐或者由表土进入基岩采用钻爆法施工时，必须制定专项措施。

（三）施工15°以上斜井（巷）时，应当制定防止设备、轨道、管路等下滑的专项措施。

（四）由下向上施工25°以上的斜巷时，必须将溜矸（煤）道与人行道分开。人行道应当设扶手、梯子和信号装置。斜巷与上部巷道贯通时，必须有专项措施。

第七十九条 采用反井钻机掘凿暗立井、煤仓及溜煤眼时，应当遵守下列规定：

（一）扩孔作业时，严禁人员在下方停留、通行、观察或者出渣。出渣时，反井钻机应当停止扩孔作业。更换破岩滚刀时，必须采取保护措施。

（二）严禁干钻扩孔。

（三）及时清理溜矸孔内的矸石，防止堵孔。必须制定处理堵孔的专项措施。严禁站在溜矸孔的矸石上作业。

（四）扩孔完毕，必须在上孔口设置防止人员、物料坠落等安全设施，在上、下孔口外围设置栅栏，防止人员进入。

第八十条　施工岩（煤）平巷（硐）时，应当遵守下列规定：

（一）掘进工作面严禁空顶作业。临时和永久支护距掘进工作面的距离，必须根据地质、水文地质条件和施工工艺在作业规程中明确，并制定防止冒顶、片帮的安全措施。

（二）距掘进工作面10m内的架棚支护，在爆破前必须加固。对爆破崩倒、崩坏的支架必须先行修复，之后方可进入工作面作业。修复支架时必须先检查顶、帮，并由外向里逐架进行。

（三）在松软的煤（岩）层、流砂性地层

或者破碎带中掘进巷道时,必须采取超前支护或者其他措施。

第八十一条 煤矿建设、生产期间采用下料孔向井下输送砂石料时,应当遵守下列规定:

(一)下料孔终孔位置应当设置在不透水的稳定岩层内,与已有巷道及钻孔的水平距离不得小于20m。

(二)下料孔偏斜率不得大于1‰。

(三)下料孔必须设置内外套管,外管与钻孔孔壁间应当使用水泥浆固管。

(四)揭露下料孔前应当按照规定探放水,发现涌水应当采取注浆堵水措施。

(五)定期检查内管的磨损情况,发现破损,及时更换。

第八十二条 使用伞钻时,应当遵守下列规定:

(一)井口伞钻悬吊装置、导轨梁等设施的强度及布置,必须在施工组织设计中验算和明确。

（二）伞钻摘挂钩必须由专人负责。

（三）伞钻在井筒中运输时必须收拢绑扎，通过各施工盘口时必须减速并由专人监视。

（四）伞钻支撑完成前不得脱开悬吊钢丝绳，使用期间必须设置保险绳。

第八十三条　使用抓岩机时，应当遵守下列规定：

（一）抓岩机应当与吊盘可靠连接，并设置专用保险绳。

（二）抓岩机连接件及钢丝绳，在使用期间必须由专人每班检查1次。

（三）抓矸完毕必须将抓斗收拢并锁挂于机身。

第八十四条　使用全断面巷道掘进机（TBM）掘进时，应当遵守下列规定：

（一）在TBM盾体、一运输送机卸料口、除尘风机出风口等处应当设置瓦斯检测装置，当瓦斯浓度超过1%时，应当自动断电、停止作业。

（二）TBM最大部件的尺寸和重量不得超出矿井提升运输能力。分块设计的部件，分块之间应当采用螺栓连接。

（三）TBM脱困扭矩不应小于额定扭矩的1.5倍。

（四）应当采用自动导向系统对掘进机姿态进行实时监测，定期进行人工测量复核。

（五）刀盘和一运、二运输送机应当配备启动语音报警和急停装置。

（六）应当配备机载灭火器或者其他消防系统。

（七）大倾角（坡度大于±10°）掘进时，设备人员通道必须有可靠的防滑措施。

第八十五条 使用耙装机时，应当遵守下列规定：

（一）耙装机作业时必须有照明。

（二）耙装机绞车的刹车装置必须完好、可靠。

（三）耙装机必须装有封闭式金属挡绳栏

和防耙斗出槽的护栏；在巷道拐弯段装岩（煤）时，必须使用可靠的双向辅助导向轮，清理好机道，并有专人指挥和信号联系。

（四）固定钢丝绳滑轮的锚桩及其孔深和牢固程度，必须根据岩性条件在作业规程中明确。

（五）耙装机在装岩（煤）前，必须将机身和尾轮固定牢靠。耙装机运行时，严禁在耙斗运行范围内进行其他工作和行人。在倾斜井巷移动耙装机时，下方不得有人。上山施工倾角大于20°时，在司机前方必须设护身柱或者挡板，并在耙装机前方增设固定装置。倾斜井巷使用耙装机时，必须有防止机身下滑的措施。

（六）耙装机作业时，其与掘进工作面的最大和最小允许距离必须在作业规程中明确。

第八十六条 使用挖掘机时，应当遵守下列规定：

（一）严禁在作业范围内进行其他工作和行人。

（二）2台以上挖掘机同时作业或者与抓岩机同时作业时应当明确各自的作业范围，并设专人指挥。

（三）下坡运行时必须使用低速挡，严禁脱挡滑行，跨越轨道时必须有防滑措施。

（四）作业范围内必须有充足的照明。

第三节 井塔、井架及井筒装备

第八十七条 井塔施工时，井塔出入口必须搭设双层防护安全通道，非出入口和通道两侧必须密闭，并设置醒目的行走路线标识。采用冻结法施工的井筒，严禁在未完全融化的人工冻土地基中施工井塔桩基。

第八十八条 井架安装必须编制施工组织设计。遇恶劣气候时，不得进行吊装作业。采用扒杆起立井架时，应当遵守下列规定：

（一）扒杆选型必须经过验算，其强度、稳定性、基础承载能力必须符合设计。

（二）铰链及预埋件必须按照设计要求制

作和安装,销轴使用前应当进行无损探伤检测。

(三)吊耳必须进行强度校核,且不得横向使用。

(四)扒杆起立时应当有缆风绳控制偏摆,并使缆风绳始终保持一定张力。

第八十九条 立井井筒装备安装施工时,应当遵守下列规定:

(一)井筒未贯通严禁井筒装备安装施工。

(二)突出矿井进行煤巷施工,且井筒处于回风状态时,严禁井筒装备安装施工。

(三)封口盘预留通风口应当符合通风要求。

(四)吊盘、吊桶(罐)、悬吊装置的销轴在使用前应当进行无损探伤检测,合格后方可使用。

(五)吊盘上放置的设备、材料及工具箱等必须固定牢靠。

(六)在吊盘以外作业时,必须有牢靠的

立足处。

（七）严禁吊盘和提升容器同时运行，提升容器或者钩头通过吊盘的速度不得大于0.2m/s。

第九十条　井塔施工与井筒装备安装平行作业时，应当遵守下列规定：

（一）在土建与安装平行作业时，必须编制专项措施，明确安全防护要求。

（二）利用永久井塔凿井时，在临时天轮平台布置前必须对井塔承重结构进行验算。

（三）临时天轮平台的上一层提升孔口和吊装孔口必须封闭牢固。

（四）施工电梯和塔式起重机位置必须避开运行中的井筒装备、材料运输路线和人员行走通道。

第九十一条　安装井架或者井架上的设备时必须盖严井口。装备井筒与安装井架及井架上的设备平行作业时，井口掩盖装置必须坚固可靠，能承受井架上坠落物的冲击。

第九十二条 井下安装应当遵守下列规定：

（一）作业现场必须有充足的照明。

（二）大型设备、构件下井前必须校验提升设备的能力，并制定专项措施。

（三）巷道内固定吊点必须符合吊装要求。吊装时应当有专人观察吊点附近顶板情况，严禁超载吊装。

（四）在倾斜井巷提升运输时不得进行安装作业。

第四节　建井期间生产及辅助系统

第九十三条 井筒施工开工前应当有两回路电源线路（来自两个不同变电站，或者不同电源进线的同一变电站的两段母线）。当任一回路停止供电时，另一回路应当能担负建设期间全部用电负荷，两回路电源线路不得分接其他负荷。暂不能形成两回路电源线路的，必须有一回路电源线路符合上述要求，另一回路可以引自其他电源，或者有备用电源，其容量应当满足通风、排水和撤出人员的需要。

井筒开凿落底前，矿井必须形成两回路电源线路，并且地面永久变电所投入使用或者临时变电所形成两回路电源线路供电。矿井短路贯通后进入巷道和硐室施工时，必须形成两回路供电系统。采区巷道施工前井下永久变电所应当投入使用。

第九十四条 建井期间，立井和斜井缠绕式提升机卷筒缠绕钢丝绳的层数应当符合下列要求：

（一）卷筒表面带有平行折线绳槽和层间过渡装置的：升降人员时不超过3层；专用于升降物料时不超过4层。

（二）卷筒表面带有螺旋绳槽和层间过渡装置的：升降人员时不超过2层；专用于升降物料时不超过3层。

第九十五条 悬挂吊盘、模板、抓岩机、管路、电缆和安全梯的凿井绞车、悬吊钢丝绳、悬挂装置及天轮应当遵守下列规定：

（一）必须装设制动装置，并设电气闭锁，其工作制动和安全制动的制动力矩均不小于最大静力矩的两倍。

（二）悬挂吊盘和模板的凿井绞车应当采用变频电控，并安装钢丝绳张力在线检测报警装置。

（三）悬吊钢丝绳安全系数必须符合表1的要求。

表1　钢丝绳安全系数最小值

用途分类	安全系数的最小值
悬挂吊盘、水泵、排水管、抓岩机等用的钢丝绳	6
悬挂风筒、风管、供水管、注浆管、输料管、电缆用的钢丝绳	5
悬挂安全梯用的钢丝绳	6

（四）在用缠绕式提升钢丝绳在定期检验时，专为升降物料和悬挂吊盘用的钢丝绳，安全系数小于5时，应当及时更换。

（五）吊盘、安全梯、水泵、抓岩机的悬挂装置安全系数不小于10；风管、水管、风筒、注浆管的悬挂装置安全系数不小于8。

（六）凿井绞车的卷筒和天轮直径与钢丝绳直径之比值不小于20。

第九十六条　建井期间，2个提升容器的导向装置最突出部分之间的间隙，不得小于$0.2+H/3000$（H为提升高度，单位为m）；井筒深度小于300m时，上述间隙不得小于300mm。

立井凿井期间，井筒内各设施之间的间隙应当符合表2的要求。

表2　立井凿井期间井筒内各设施之间的间隙

序号	井筒内设施	间隙/mm
1	吊桶最突出部分与孔口之间	≥150
2	吊桶上滑架与孔口之间	≥100
3	抓岩机停止工作，抓斗悬吊时的最突出部分与运行的吊桶之间	≥200

续表

序号	井筒内设施	间隙/mm
4	管、线与永久井壁之间（井壁固定管线除外）	≥300
5	管、线最突出部分与提升容器最突出部分之间： 井深小于400m 井深400~500m 井深大于500m	≥500 ≥600 ≥800
6	管、线卡子的最突出部分与其通过的各盘、台孔口之间	≥100
7	吊盘与永久井壁之间	≤150

第九十七条 建井期间采用吊桶提升时，应当遵守下列规定：

（一）采用阻旋转提升钢丝绳。

（二）吊桶的连接装置安全系数不小于13。

（三）吊桶必须沿钢丝绳罐道升降，无罐道段吊桶升降距离不得超过40m。

（四）悬挂吊盘的钢丝绳兼作罐道绳时，必须制定专项措施。

（五）吊桶上方必须装设保护伞帽。

（六）吊桶翻矸时严禁打开井盖门。

（七）在使用钢丝绳罐道时，吊桶升降人员的最大速度不得超过采用下式求得的值，且最大不超过7m/s；无罐道绳段，不得超过1m/s。

$$v = 0.25\sqrt{H}$$

式中　v——最大提升速度，m/s；

H——提升高度，m。

（八）在使用钢丝绳罐道时，吊桶升降物料时的最大速度不得超过采用下式求得的值，且最大不超过8m/s；无罐道绳段，不得超过2m/s。

$$v = 0.4\sqrt{H}$$

（九）在过卷行程内可以不安设缓冲装置，但过卷行程不得小于表3确定的值。

表3　提升速度与过卷行程

提升速度/（m·s^{-1}）	4	5	6	7	8
过卷行程/m	2.38	2.81	3.25	3.69	4.13

（十）提升机松绳保护装置应当接入报警回路。

（十一）提升装置卷筒和天轮的最小直径与钢丝绳直径之比值：卷筒和围抱角大于90°的天轮不小于60；围抱角小于90°的天轮不小于40。

第九十八条 立井凿井期间采用吊桶升降人员时，应当遵守下列规定：

（一）乘坐人员必须挂牢安全绳，严禁身体任何部位超出吊桶边缘。

（二）不得人、物混装。运送爆炸物品时应当执行本规程第三百七十六条的规定。

（三）严禁用自动翻转式、底卸式吊桶升降人员。

（四）吊桶提升到地面时，人员必须从井口平台进出吊桶，并只准在吊桶停稳和井盖门关闭后进出吊桶。

（五）吊桶内人均有效面积不应小于$0.2m^2$，严禁超员。

第九十九条 立井凿井期间，掘进工作面与吊盘、吊盘与井口、吊盘与辅助盘、腰泵房与井口、翻矸平台与井口、井口与提升机房必须设置独立信号装置。井口信号装置必须与绞车的控制回路闭锁。

吊盘与井口、腰泵房与井口、井口与提升机房，必须装设直通电话。

建井期间罐笼与箕斗混合提升，提人时应当设置信号闭锁，当罐笼提人时箕斗不得运行。

装备1套提升系统的井筒，必须有备用通信、信号装置。

第一百条 立井凿井期间，提升钢丝绳与吊桶的连接，必须采用具有可靠保险和回转卸力装置的专用钩头。钩头主要受力部件每年应当进行1次无损探伤检测。

第一百零一条 建井期间，井筒中悬挂吊盘、模板、水泵、抓岩机的钢丝绳，使用期限一般为1年；悬挂水管、风管、输料管、安全梯和电缆的钢丝绳，使用期限一般为 2 年。钢丝绳到期后经检测检验合格，可以继续使用。

施工单位应当根据建井工期、在用钢丝绳的腐蚀程度等因素，确定是否需要储备经检测检验合格的提升钢丝绳。

第一百零二条 立井井筒临时改绞必须编制施工组织设计。井筒井底水窝深度必须满足过放距离的要求。提升容器过放距离内严禁积水积物。

同一工业广场内布置 2 个以上井筒时，未与另一井筒贯通的井筒不得进行临时改绞。单井筒确需临时改绞的，必须制定专项措施。

第一百零三条 开凿或者延深斜井、下山时，必须在斜井、下山的上口设置防止跑车装置，在掘进工作面的上方设置跑车防护装置，跑车防护装置与掘进工作面的距离必须在施工组织设计或者作业规程中明确。

斜井（巷）施工期间兼作人行道时，必须每隔 40m 设置躲避硐。设有躲避硐的一侧必须有畅通的人行道。上下人员必须走人行道。人行道必须设红灯和语音提示装置。

斜巷采用多级提升或者上山掘进提升时,在绞车上山方向必须设置挡车栏。

第一百零四条 在吊盘上或者在 2m 以上高处作业时,工作人员必须佩戴保险带。保险带必须拴在牢固的构件上,高挂低用。保险带应当定期按照有关规定试验。每次使用前必须检查,发现损坏必须立即更换。

第一百零五条 井筒开凿到底后,应当先施工永久排水系统,并在进入采区施工前完成。永久排水系统完成前,在井底附近必须设置临时排水系统,并符合下列要求:

(一)当预计涌水量不大于 $50m^3/h$ 时,临时水仓容积应当大于 4h 正常涌水量;当预计涌水量大于 $50m^3/h$ 时,临时水仓容积应当大于 8h 正常涌水量。临时水仓应当定期清理。

(二)井下工作水泵的排水能力应当能在 20h 内排出 24h 正常涌水量,井下备用水泵排水能力不小于工作水泵排水能力的70%。

（三）临时排水管的型号应当与排水能力相匹配。

（四）临时水泵及配电设备基础应当比巷道底板至少高300mm，泵房断面应当满足设备布置需要。

第一百零六条 立井凿井期间的局部通风应当遵守下列规定：

（一）局部通风机的安装位置距井口不得小于20m，且位于井口主导风向上风侧。

（二）局部通风机的安装和使用必须满足本规程第一百八十三条的要求。

（三）立井施工应当在井口预留专用回风口，以确保风流畅通，回风口的大小及安全防护措施应当在作业规程中明确。

第一百零七条 巷道及硐室施工期间的通风应当遵守下列规定：

（一）主井、副井和风井布置在同一个工业广场内，主井或者副井与风井贯通后，应当先安装主要通风机，实现全风压通风。不具备安装主要通风机条件的，必须安装临时通风机，但不得采用局部通风机或者局部通风机群代替临时通风机。

主井、副井和风井布置在不同的工业广场内，主井或者副井短期内不能与风井贯通的，主井与副井贯通后必须安装临时通风机实现全风压通风。

（二）矿井临时通风机应当安装在地面。低瓦斯矿井临时通风机确需安装在井下时，必须制定专项措施。

（三）矿井采用临时通风机通风时，必须设置备用通风机，备用通风机必须能在10min内启动。

第一百零八条 建井期间有下列情况之一的，必须建立瓦斯抽采系统：

（一）突出矿井在揭露突出煤层前。

（二）任一掘进工作面瓦斯涌出量大于$3m^3/min$，用通风方法解决瓦斯问题不合理的。

第一百零九条 建井期间，监测监控和通信系统应当符合下列规定：

（一）井筒掘砌期间，应当设置瓦斯、一氧化碳等传感器，吊盘、井口、翻矸平台和提升机房应当安装视频监视系统。

（二）井筒揭煤瓦斯超限后，应当断开井筒及井口20m范围内全部非本质安全型电气设备电源。高瓦斯及煤与瓦斯突出矿井井筒掘砌期间提升信号系统应当采用本质安全型信号装置。

（三）井筒落底后进入巷道施工前，必须形成安全监控、通信联络等系统。

（四）高瓦斯、煤与瓦斯突出、水文地质类型复杂和极复杂矿井进入主要大巷施工前，必须形成永久安全监控、人员位置监测、通信联络等系统。其他矿井进入采区前，必须形成永久安全监控、人员位置监测、通信联络等系统。

第三章 采 掘

第一节 一般规定

第一百一十条 井巷交岔点，必须设置路标，标明所在地点，指明通往安全出口的方向。

通达地面的安全出口和2个水平之间的安全出口，倾角不大于45°时，必须设置人行道，并根据倾角大小和实际需要设置扶手、台阶或者梯道。倾角大于45°时，必须设置梯道间或者梯子间，斜井梯道间必须分段错开设置，每段斜长不得大于10m；立井梯子间中的梯子角度不得大于80°，相邻2个平台的垂直距离不得大于8m。

安全出口应当定期巡查，加强维护，保持畅通，巡查频次由煤矿矿长或者分管安全的副矿长确定。

第一百一十一条 主要绞车道不得兼作人

行道。提升量不大、保证行车时不行人的，不受此限。

第一百一十二条 巷道净断面必须满足行人、运输、通风和安全设施及设备安装、检修、施工的需要，并符合下列要求：

（一）采用轨道机车运输的巷道净高，自轨面起不得低于2m。架线电机车运输巷道的净高，在井底车场内、从井底到乘车场，不小于2.4m；其他地点，行人的不小于2.2m，不行人的不小于2.1m。

（二）采用带式输送机运输的巷道：

1. 带宽小于或者等于1.4m的，巷道净高不小于2.2m；带宽大于1.4m的，巷道净高不小于2.5m。

2. 巷道顶为拱形结构时，拱脚的高度不应小于1.8m。

3. 上输送带距离巷道顶板支架、锚杆、锚索等金属构件的距离不得小于0.5m，下输送带距离巷道底板的距离不得小于0.2m。

(三)采(盘)区内的上山、下山和平巷的净高不得低于 2m,薄煤层内的不得低于 1.8m。

(四)运输巷(包括管、线、电缆)与运输设备最突出部分之间的最小间距,应当符合表 4 的要求。

巷道净断面的设计,必须按照支护最大允许变形后的断面计算。

表 4　运输巷与运输设备最突出部分之间的最小间距

巷道类型		顶部/m	两侧/m	备注
轨道机车运输巷道			0.3	综合机械化采煤矿井为 0.5m
输送机运输巷道(B 为带式输送机带宽)	$B \leq 1.4m$		行人侧,0.7;检修侧,0.5	输送机机头和机尾处与巷帮支护的距离应当满足设备检查和维修的需要,并不得小于 0.7m
	$B > 1.4m$		行人侧,0.8;检修侧,0.6	

续表

巷道类型	顶部/m	两侧/m	备注
卡轨车、齿轨车运输巷道	0.3	0.3	单轨运输巷道宽度应当大于 2.8m，双轨运输巷道宽度应当大于 4.0m
单轨吊车运输巷道	0.5	0.85	曲线巷道段应当在直线巷道允许安全间隙的基础上，内侧加宽不小于 0.1m，外侧加宽不小于 0.2m。巷道内外侧加宽要从曲线巷道两侧直线段开始，加宽段的长度不小于 5.0m
无轨胶轮车运输巷道	0.5	0.5	曲线巷道段应当在直线巷道允许安全间隙的基础上，按照无轨胶轮车内、外轮曲率半径计算需加大的巷道宽度。巷道内外侧加宽要从曲线巷道两侧直线段开始，加宽段的长度应当满足安全运输的要求

续表

巷道类型	顶部/m	两侧/m	备注
设置移动变电站或者平板车的巷道		0.3	移动变电站或者平板车上设备最突出部分与巷道侧的间距

第一百一十三条 新建矿井、生产矿井新掘运输巷的一侧，从巷道道碴面起 1.6m 的高度内，必须留有宽 0.8m（综合机械化采煤及无轨胶轮车运输的矿井为 1m）以上的人行道，管道吊挂高度不得低于 1.8m。

生产矿井已有巷道人行道的宽度不符合上述要求时，必须在巷道的一侧设置躲避硐，2个躲避硐的间距不得超过 40m。躲避硐宽度不得小于 1.2m，深度不得小于 0.7m，高度不得小于 1.8m。躲避硐内严禁堆积物料。

采用无轨胶轮车运输的矿井人行道宽度不足 1m 时，必须制定专项安全技术措施，严格执行"行人不行车，行车不行人"的规定。

在人车停车地点的巷道上下人侧，从巷道道碴面起1.6m的高度内，必须留有宽1m以上的人行道，管道吊挂高度不得低于1.8m。

第一百一十四条 在双向运输巷中，两车最突出部分之间的距离必须符合下列要求：

（一）采用轨道运输的巷道：对开时不得小于0.2m，采区装载点不得小于0.7m，矿车摘挂钩地点不得小于1m。

（二）采用单轨吊车运输的巷道：对开时不得小于0.8m。

（三）采用无轨胶轮车运输的巷道：

1. 双车道行驶，会车时不得小于0.5m。

2. 单车道应当根据运距、运量、运速及运输车辆特性，在巷道的合适位置设置车辆绕行道或者错车硐室，并设置方向标识。

第一百一十五条 掘进巷道在揭露老空区前，必须先探后掘，制定探查老空区的专项安全技术措施，包括接近老空区时必须预留的煤（岩）柱厚度和探明水、火、瓦斯等内容。老空区范围不清，水、火、瓦斯和顶板垮落等情况不明的区域，必须采用钻探、物探进行探查，应当根据探明的情况采取相应措施，进行处理。

在揭露老空区时，必须先将人员撤至安全地点。只有经过检查，证明老空区内的水、甲烷和其他有害气体等无危险后，方可恢复工作。

受老空水威胁的矿井，应当执行本规程第三百二十七条规定。

第一百一十六条　采（盘）区结束后、回撤设备时，必须编制专门措施，加强通风、瓦斯、顶板、防火管理。

第二节　回采和顶板控制

第一百一十七条　一个采（盘）区内同一煤层的一翼最多只能布置1个采煤工作面和2个煤（半煤岩）巷掘进工作面同时作业。一个采（盘）区内同一煤层双翼开采或者多煤层开采的，该采（盘）区最多只能布置2个采煤工作面和 4 个煤（半煤岩）巷掘进工作面同时作业。

在采动影响范围内不得布置 2 个采煤工作面同时回采。

下山采区未形成完整的通风、排水等生产系统前，严禁掘进回采巷道。

严禁任意开采非垮落法管理顶板留设的支承采空区顶板和上覆岩层的煤柱，以及采空区安全隔离煤柱。

采掘过程中严禁任意扩大和缩小设计确定的煤柱。采空区内不得遗留未经设计确定的煤柱。

严禁任意变更设计确定的工业场地、矿界、防水和井巷等的安全煤柱。

严禁开采和毁坏高速铁路、设计时速200km/h 的城际铁路、客货共线铁路和重载铁路的安全煤柱。

第一百一十八条 采煤工作面回采前、掘进工作面施工前必须编制作业规程。情况发生变化时，必须及时修改作业规程或者补充安全措施。

第一百一十九条 采煤工作面必须保持至少2个畅通的安全出口，一个通到进风巷道，另一个通到回风巷道。

采煤工作面所有安全出口与巷道连接处超前压力影响范围内必须加强支护，且加强支护的巷道长度不得小于20m；综合机械化采煤工作面，此范围内的巷道高度不得低于1.8m，其他采煤工作面，此范围内的巷道高度不得低于1.6m。

采煤工作面必须正规开采，严禁采用国家明令禁止的采煤方法。

高瓦斯、突出、有容易自燃或者自燃煤层的矿井，不得采用前进式采煤方法。

第一百二十条 采煤工作面不得任意留顶煤和底煤，伞檐不得超过作业规程的规定。采煤工作面的浮煤应当清理干净。

第一百二十一条 台阶采煤工作面必须设

置安全脚手板、护身板和溜煤板。倒台阶采煤工作面，还必须在台阶的底脚加设保护台板。

阶檐的宽度、台阶面长度和下部超前小眼的个数，必须在作业规程中规定。

第一百二十二条 采煤工作面必须存有一定数量的备用支护材料。严禁使用折损的坑木、损坏的金属顶梁、失效的单体液压支柱。

在同一采煤工作面中，不得使用不同类型和不同性能的支柱。在地质条件复杂的采煤工作面中使用不同类型的支柱时，必须制定安全措施。

单体液压支柱入井前必须逐根进行压力试验。

对金属顶梁和单体液压支柱，在采煤工作面回采结束后或者使用时间超过 8 个月后，必须进行检修。检修好的支柱，还必须进行压力试验，合格后方可使用。

采煤工作面严禁使用木支柱（极薄煤层除外）和金属摩擦支柱支护。

第一百二十三条 采煤工作面必须及时支护，严禁空顶作业。所有支架必须架设牢固，并有防倒措施。严禁在浮煤或者浮矸上架设支架。单体液压支柱的初撑力不得小于设计初撑力的80%，且不得小于90kN。严禁在控顶区域内提前摘柱。碰倒或者损坏、失效的支柱，必须立即恢复或者更换。移动输送机机头、机尾需要拆除附近的支架时，必须先架好临时支架。

采煤工作面遇顶底板松软或者破碎、过断层、过老空区、过煤柱或者冒顶区，以及托伪顶开采时，必须制定安全措施。

第一百二十四条 采用锚杆、锚索、锚喷、锚网喷等支护形式时，应当遵守下列规定：

（一）锚杆（索）的形式、规格、安设角度，混凝土强度等级、喷体厚度，挂网规格、搭接方式，以及围岩涌水的处理等，必须在施工组织设计或者作业规程中明确。

（二）采用钻爆法掘进的岩石巷道，应当

采用光面爆破。打锚杆眼前,必须采取敲帮问顶等措施。

(三)锚杆(索)锚固力、预紧力必须符合设计。煤巷、半煤岩巷支护必须进行顶板离层监测。对喷体必须做厚度和强度检查并形成检查记录。在井下做锚固力试验时,必须有安全措施。

(四)遇顶板破碎、淋水,过断层、老空区、高应力区等情况时,应当加强支护。

(五)永久支护的锚杆、锚索、支架和金属网等,不得用于起吊。

第一百二十五条 巷道架棚时,支架腿应当落在实底上;支架与顶、帮之间的空隙必须塞紧、背实。支架间应当设牢固的撑杆或者拉杆,可缩性金属支架应当采用金属支拉杆或者锚杆(索)配合连接板固定,并用机械或者力矩扳手拧紧卡缆。倾斜井巷支架应当设迎山角;可缩性金属支架可以待受压变形稳定后喷射混凝土覆盖。巷道砌碹时,碹体与顶帮之间必须用不燃物充满填实；巷道冒顶空顶部分，可以用支护材料接顶，但在碹拱上部必须充填不燃物垫层，其厚度不得小于0.5m。

第一百二十六条 严格执行敲帮问顶及围岩观测制度。

开工前，班组长必须对工作面安全情况进行全面检查，确认无危险后，方准人员进入工作面。

第一百二十七条 采煤工作面用垮落法管理顶板时，必须及时放顶。放顶的方法和安全措施，放顶与爆破、机械落煤等工序平行作业的安全距离，放顶区内支架、支柱等的回收方法，必须在作业规程中明确规定。采煤工作面初次放顶及收尾时，必须制定安全措施。

采煤工作面顶板不及时垮落、悬顶范围超过作业规程规定的，必须采取人工强制放顶或者其他方式进行处理，并编制专门安全技术措施，内容应当包括目标岩层确定、弱化方案、工器具配置、劳动组织、安全措施、效果监测或者评价方法等。专门安全技术措施由煤矿总工程师审批,并安排专门人员进行现场安全管理。

第一百二十八条 采煤工作面采用密集支柱切顶时,两段密集支柱之间必须留有宽0.5m以上的出口,出口间的距离和新密集支柱超前的距离必须在作业规程中明确规定。采煤工作面无密集支柱切顶时,必须有防止工作面冒顶和矸石窜入工作面的措施。

第一百二十九条 采用综合机械化采煤时,必须遵守下列规定:

(一)必须根据矿井各个生产环节、煤层地质条件、厚度、倾角、瓦斯涌出量、自然发火倾向和矿山压力等因素,编制工作面设计。

(二)运送、安装和拆除综采设备时,必须有安全措施,明确规定运送方式、安装质量、拆装工艺和控制顶板的措施。

(三)工作面煤壁、刮板输送机和支架都必须保持直线。支架间的煤、矸必须清理干净。倾角大于15°时，液压支架必须采取防倒、防滑措施；倾角大于25°时，必须有防止煤（矸）窜出刮板输送机伤人的措施。

（四）液压支架必须接顶。顶板破碎时必须超前支护。在处理液压支架上方冒顶时，必须制定安全措施。

（五）采煤机采煤时必须及时移架。移架滞后采煤机的距离，应当根据顶板的具体情况在作业规程中明确规定；超过规定距离或者发生冒顶、片帮时，必须停止采煤。

（六）严格控制采高，严禁采高大于支架的最大有效支护高度。当煤层变薄时，采高不得小于支架的最小有效支护高度。

（七）当采高超过3m或者煤壁片帮严重时，液压支架必须设护帮板。当采高超过4.5m时，必须采取防片帮伤人措施。

（八）工作面两端必须使用端头支架或者增设其他形式的支护。

（九）工作面转载机配有破碎机时，必须

有安全防护装置。

（十）处理倒架、歪架、压架，更换支架，以及拆修顶梁、支柱、座箱等大型部件时，必须有安全措施。

（十一）在工作面内进行爆破作业时，必须有保护液压支架和其他设备的安全措施。

（十二）乳化液的配制、水质、配比等，必须符合有关要求。泵箱应当设自动给液装置，防止吸空。

（十三）采煤工作面必须进行矿压监测。

第一百三十条 采用放顶煤开采时，必须遵守下列规定：

（一）矿井第一次采用放顶煤开采，或者在煤层（瓦斯）赋存条件变化较大的区域采用放顶煤开采时，必须根据顶板、煤层、瓦斯、自然发火、水文地质、煤尘爆炸性、冲击地压等地质特征和灾害危险性进行可行性论证和设计，并由煤矿企业组织行业专家论证。

（二）针对煤层开采技术条件和放顶煤开

采工艺特点，必须制定防瓦斯、防火、防尘、防水、采放煤工艺、顶板支护、初采和工作面收尾等安全技术措施。

（三）放顶煤工作面初采期间应当根据需要采取强制放顶措施，使顶煤和直接顶充分垮落。

（四）采用预裂爆破处理坚硬顶板或者坚硬顶煤时，应当在工作面未采动区进行，并制定专门的安全技术措施。严禁在工作面内采用炸药爆破方法处理未冒落顶煤、顶板及大块煤（矸）。

（五）高瓦斯、突出矿井的容易自燃煤层，应当采取以预抽方式为主的综合抽采瓦斯措施，保证本煤层瓦斯含量不大于 $6m^3/t$，并采取综合防灭火措施。

（六）严禁单体支柱放顶煤开采。

有下列情形之一的，严禁采用放顶煤开采：

（一）缓倾斜、倾斜厚煤层的采放比大于

1∶3，且未经行业专家论证的；急倾斜水平分段放顶煤采放比大于1∶8的。

（二）采区或者工作面采出率达不到矿井设计规范规定的。

（三）坚硬顶板、坚硬顶煤不易冒落，且采取措施后冒放性仍然较差，顶板垮落充填采空区的高度不大于采放煤高度的。

（四）放顶煤开采后有可能与地表水、老窑积水和强含水层导通，且水患威胁未消除的。

（五）放顶煤开采后有可能沟通火区的。

第一百三十一条 采用分层垮落法回采时，下一分层的采煤工作面必须在上一分层顶板垮落的稳定区域内进行回采。

第一百三十二条 采用人工假顶分层垮落法开采的采煤工作面，人工假顶必须铺设完好并搭接严密。

采用分层垮落法开采时，必须向采空区注浆。注浆的具体要求，应当在作业规程中明确规定。

第一百三十三条 采用连续采煤机开采，必须根据工作面地质条件、瓦斯涌出量、自然发火倾向、回采速度、矿山压力，以及煤层顶底板岩性、厚度、倾角等因素，编制开采设计和回采作业规程，并符合下列要求：

（一）工作面必须形成全风压通风后方可回采。

（二）严禁采煤机司机等人员在空顶区作业。

（三）运输巷与短壁工作面或者回采支巷连接处（出口），必须加强支护。

（四）回收煤柱时，连续采煤机的最大进刀深度应当根据顶板状况、设备配套、采煤工艺等因素合理确定。

（五）采用垮落法控制顶板，对于特殊地质条件下顶板不能及时冒落时，必须采取强制放顶或者其他处理措施。

（六）采用煤柱支承采空区顶板及上覆岩层的部分回采方式时，应当有防止采空区顶板大面积垮塌的措施。

（七）应当及时安设和调整风帘（窗）等控风设施。

（八）容易自燃煤层应当分块段回采，且每个采煤块段必须在自然发火期内回采结束并封闭。

有下列情形之一的，严禁采用连续采煤机开采：

（一）突出矿井或者掘进工作面瓦斯涌出量超过 $3m^3/min$ 的高瓦斯矿井。

（二）倾角大于 8°的煤层。

（三）直接顶不稳定的煤层。

第一百三十四条 采用综合机械化单元密实充填采煤工艺开采，必须根据工作面地质条件、瓦斯涌出量、自然发火倾向、回采速度、矿山压力，以及煤层顶底板岩性、厚度、倾角等因素，编制专项设计，由煤矿企业主要负责人审批，并符合下列要求：

（一）通风系统必须稳定可靠，应当及时

安设和调整风帘（窗）等控风设施。局部通风机供电必须采用"三专两闭锁"，配备备用局部通风机并实现自动切换，供电系统必须可靠。

（二）开采单元内只允许1个掘进支巷、1个隔离支巷、1个充填支巷同时作业。

（三）掘进支巷作业及煤流运输系统必须采用机械化工艺。

（四）工作面运输巷与各支巷连接处，必须加强支护。

（五）必须明确充填体强度，并确保接顶。

（六）严禁在强冲击地压危险区、突出煤层的突出危险区、掘进支巷绝对瓦斯涌出量超过$1.5m^3/min$的区域使用。

（七）应当设专职瓦斯检查工，检查通风瓦斯情况。

第一百三十五条 采煤工作面用充填法控制顶板时，必须及时充填。控顶距离超过作业规程规定时禁止采煤，严禁人员在充填区空顶作业；且应当根据地表保护级别，编制专项设计并制定安全技术措施。

采用综合机械化充填采煤时，待充填区域的风速应当满足工作面最低风速要求；有人进行充填作业时，严禁操作作业区域的液压支架。

第一百三十六条 用水砂充填法控制顶板时，采空区和三角点必须充填满。充填地点的下方，严禁人员通行或者停留。注砂井和充填地点之间，应当保持电话联络，联络中断时，必须立即停止注砂。

清理因跑砂堵塞的倾斜井巷前，必须制定安全措施。

第一百三十七条 近距离煤层群开采下一煤层时，必须制定控制顶板的安全措施。

第一百三十八条 采用柔性掩护支架开采急倾斜煤层时，地沟的尺寸，工作面循环进度，支架的角度、结构，支架垫层数和厚度，以及点柱的支设角度、排列方式和密度，钢丝绳的规格和数量，必须在作业规程中规定。

生产中遇断梁、支架悬空、窜矸等情况

时，必须及时处理。支架沿走向弯曲、歪斜及角度超过作业规程规定时，必须在下一次放架过程中进行调整。应当经常检查支架上的螺栓和附件，如有松动，必须及时拧紧。

正倾斜柔性掩护支架的每个回采带的两端，必须设置人行眼，并用木板与溜煤眼相隔。对伪倾斜柔性掩护支架工作面上下2个出口的要求和工作面的伪倾角，超前溜煤眼的规格、间距和施工方式，必须在作业规程中规定。

掩护支架接近平巷时，应当缩短每次下放支架的距离，并减少同时爆破的炮孔数目和装药量。掩护支架过平巷时，应当加强溜煤眼与平巷连接处的支护或者架设木垛。

第一百三十九条 采用水力采煤时，必须遵守下列规定：

（一）第一次采用水力采煤的矿井，必须根据矿井地质条件、煤层赋存条件等因素编制开采设计，并经行业专家论证。

（二）水采工作面必须采用矿井全风压通

风。可以采用多条回采巷道共用 1 条回风巷的布置方式，但回采巷道数量不得超过 3 个，且必须正台阶布置，单枪作业，依次回采。采用倾斜短壁水力采煤法时，回采巷道两侧的回采煤垛应当上下错开，左右交替采煤。

应当根据煤层自然发火期进行区段划分，保证划分区段在自然发火期内采完并及时密闭。密闭设施必须进行专项设计。

（三）相邻回采巷道及工作面回风巷之间必须开凿联络巷，用以通风、运料和行人。应当及时安设和调整风帘（窗）等控风设施。联络巷间距和支护形式必须在作业规程中规定。

（四）采煤工作面应当采用闭式顺序落煤，贯通前的采碉可以采用局部通风机辅助通风。应当在作业规程中明确工作面顶煤、顶板突然垮落时的安全技术措施。

（五）回采水枪应当使用液控水枪，水枪到控制台距离不得小于 10m。对使用中的水枪，每 3 个月应当至少进行 1 次耐压试验。

（六）采煤工作面附近必须设置通信设备，在水枪附近必须有直通高压泵房的声光兼备的信号装置。

严禁水枪司机在无支护条件下作业。水枪司机与煤水泵司机、高压泵司机之间必须装电话及声光兼备的信号装置。

（七）用明槽输送煤浆时，倾角超过25°的巷道，明槽必须封闭，否则禁止行人。倾角在15°~25°时，人行道与明槽之间必须加设挡板或者挡墙，其高度不得小于1m；在拐弯、倾角突然变大及有煤浆溅出的地点，在明槽处应当加高挡板或者加盖。在行人经常跨过的明槽处，必须设过桥。必须保持巷道行人侧畅通。

除不行人的急倾斜专用岩石溜煤眼外，不得无槽、无沟沿巷道底板运输煤浆。

（八）工作面回风巷内严禁设置电气设备，在水枪落煤期间严禁行人和安排其他作业。

有下列情形之一的，严禁采用水力采煤：

（一）突出矿井，以及掘进工作面瓦斯涌

出量大于 $3m^3/min$ 的高瓦斯矿井。

（二）顶板不稳定的煤层。

（三）顶底板容易泥化或者底鼓的煤层。

（四）容易自燃煤层。

第三节 采掘机械

第一百四十条 使用滚筒式采煤机采煤时，必须遵守下列规定：

（一）采煤机上装有能停止工作面刮板输送机运行的闭锁装置。启动采煤机前，必须先巡视采煤机四周，发出预警信号，确认人员无危险后，方可接通电源。采煤机因故暂停时，必须打开隔离开关和离合器。采煤机停止工作或者检修时，必须切断采煤机前级供电开关电源并断开其隔离开关，断开采煤机隔离开关，打开截割部离合器。

（二）工作面遇有坚硬夹矸或者黄铁矿结核时，应当采取松动爆破处理措施，严禁用采煤机强行截割。

(三)工作面倾角在15°以上时,必须有可靠的防滑装置。

(四)使用有链牵引采煤机时,在开机和改变牵引方向前,必须发出信号。只有在收到返向信号后,才能开机或者改变牵引方向,防止牵引链跳动或者断链伤人。必须经常检查牵引链及其两端的固定连接件,发现问题,及时处理。采煤机运行时,所有人员必须避开牵引链。

(五)更换截齿和滚筒时,采煤机上下3m范围内,必须护帮护顶,禁止操作液压支架。必须切断采煤机前级供电开关电源并断开其隔离开关,断开采煤机隔离开关,打开截割部离合器,并对工作面输送机施行闭锁。

(六)有链牵引采煤机用刮板输送机作轨道时,必须在刮板输送机两端头安设采煤机限位装置,并检查刮板输送机的中部槽、偏转槽、过渡槽、挡煤板导向管的连接情况,防止采煤机牵引链因过载而断链;采煤机为无链牵引时，齿（销、链）轨的安设必须紧固、完好，并经常检查。

第一百四十一条 使用刨煤机采煤时，必须遵守下列规定：

（一）工作面至少每隔 30m 装设能随时停止刨头和刮板输送机的装置，或者装设向刨煤机司机发送信号的装置。

（二）刨煤机应当有刨头位置指示器；必须在刮板输送机两端设置明显标志，防止刨头与刮板输送机机头撞击。

（三）工作面倾角在 12° 以上时，配套的刮板输送机必须装设防滑、锚固装置。

第一百四十二条 使用掘进机、掘锚一体机、连续采煤机等设备掘进时，必须遵守下列规定：

（一）开机前，在确认铲板前方和截割臂附近无人后，方可启动。采用遥控操作时，司机必须位于安全位置。开机、退机、调机前，必须发出报警信号。

（二）作业时，应当使用内、外喷雾装置，内喷雾装置的工作压力不得小于2MPa，外喷雾装置的工作压力不得小于4MPa。在内、外喷雾装置工作稳定性得不到保证的情况下，应当使用与掘进机、掘锚一体机或者连续采煤机联动联控的除降尘装置。

（三）截割部运行时，严禁人员在截割臂下停留和穿越，机身与煤（岩）壁之间严禁站人。

（四）在设备非操作侧，必须装有紧急停转按钮（连续采煤机除外）。

（五）必须装有前照明灯和尾灯。

（六）司机离开操作台时，必须切断电源。

（七）掘锚机或者带钻臂连续采煤机采用机载钻架进行支护作业前，应当将本机的截割部闭锁。

（八）停止工作和交班时，必须将切割头落地，并切断电源。

第一百四十三条 使用侧卸装岩机、梭车、履带式行走支架、锚杆钻车、给料破碎

机、连续运输系统或者桥式转载机等掘进机后配套设备时,必须遵守下列规定:

(一)所有安装机载照明的后配套设备启动前必须开启照明,发出开机信号,确认人员离开,再开机运行。设备停机、检修或者处理故障时,必须停电闭锁。

(二)带电移动的设备电缆应当有防拔脱装置。电缆必须连接牢固、可靠,电缆收放装置必须完好。操作电缆卷筒时,人员不得骑跨或者踩踏电缆。

(三)侧卸装岩机、梭车制动装置必须齐全、可靠。作业时,行驶区间严禁人员进入;检修时,铰接处必须使用限位装置。

(四)给料破碎机与输送机之间应当设联锁装置。给料破碎机行走时两侧严禁站人。

(五)连续运输系统或者桥式转载机运行时,严禁在非行人侧行走或者作业。

(六)锚杆钻车作业时必须有防护操作台,支护作业时必须将临时支护顶棚升至顶板。非操作人员严禁在锚杆钻车周围停留或者作业。

（七）履带行走式支架应当具有预警延时启动装置、系统压力实时显示装置，以及自救、逃逸功能。

第一百四十四条 使用刮板输送机运输时，必须遵守下列规定：

（一）采煤工作面刮板输送机必须安设能发出停止、启动信号和通信的装置，发出信号点的间距不得超过15m。

（二）刮板输送机使用的液力偶合器，必须按照所传递的功率大小，注入规定量的难燃液，并经常检查有无漏失。易熔合金塞必须符合标准，并设专人检查、清除塞内污物；严禁使用不符合标准的物品代替。

（三）刮板输送机严禁乘人。

（四）用刮板输送机运送物料时，必须有防止顶人和顶倒支架的安全措施。

（五）移动刮板输送机时，必须有防止冒顶、顶伤人员和损坏设备的安全措施。

第四节　建（构）筑物下、水体下、
　　　　铁路下及主要井巷煤柱开采

第一百四十五条　建（构）筑物下、水体下、铁路下及主要井巷煤柱开采，必须设立观测站，观测地表和岩层移动与变形，查明垮落带和导水裂隙带的高度，以及水文地质条件变化等情况。取得的实际资料作为本井田建（构）筑物下、水体下、铁路下以及主要井巷煤柱开采的依据。

第一百四十六条　建（构）筑物下、水体下、铁路下，以及主要井巷煤柱开采，必须经过试采。试采前，必须按照其重要程度以及可能受到的影响，采取相应技术措施并编制开采设计。

第一百四十七条　试采前，必须完成建（构）筑物、水体、铁路，主要井巷工程及其地质、水文地质调查，观测点设置以及加固和保护等准备工作；试采时，必须及时观测，对受到开采影响的受护体，必须及时维修。试采结束后，必须由原试采方案设计单位提出试采总结报告。

第五节　井巷和硐室维护

第一百四十八条　矿井必须制定井巷维修制度，保证井巷通风、运输畅通和行人安全，当不能满足时，应当停止受影响区域的采掘作业。

第一百四十九条　井筒大修时必须编制施工组织设计，维修井巷支护时必须制定安全技术措施，并遵守下列规定：

（一）作业地点风速不应低于 0.25m/s，维修作业应当由外向里逐架（排）进行。独头巷道维修时，严禁人员进入维修地点以里。

（二）作业地点必须有临时支护和防止失修范围扩大的措施，必须有冒顶堵塞井巷时保证人员撤退的出口。

（三）严禁空顶作业，应当按照规定循环

距离施工，顶、帮、底顺序修复，不得同时作业。

（四）金属支架支护井巷需要加固维修时，应当先进行临时支护。

（五）维修井巷时，应当停止行车；需要通车作业时，必须制定行车安全措施。倾斜井巷严禁上、下段同时作业。必须有防止矸石、物料滚落和支架歪倒的安全措施。

第一百五十条　从报废的井巷内回收支架和装备时，必须制定安全措施。

第一百五十一条　报废的巷道必须封闭。报废的暗井和倾斜巷道下口的密闭墙必须留泄水孔。

第一百五十二条　报废的井巷必须做好隐蔽工程记录，并在井上、下对照图上标明，归档备查。

第一百五十三条　报废的立井应当填实，或者在井口浇筑1个大于井筒断面的坚实的钢筋混凝土盖板，并设置栅栏和标志。

报废的斜井（平硐）应当填实，或者在井口以下斜长 20m 处砌筑 1 座砖、石或者混凝土墙，再用泥土填至井口，并加砌封墙。

报废井口的周围有地表水影响时，必须设置排水沟。

第一百五十四条 倾角在 25°以上的小眼、煤仓、溜煤（矸）眼、人行道、上山和下山的上口，必须设防止人员、物料坠落的设施。

第一百五十五条 煤仓、溜煤（矸）眼设计、使用和管理必须遵守下列规定：

（一）严格按照设计规范要求，根据围岩特征、煤仓容量等进行合理设计。煤仓形状，煤仓放水孔，仓壁缓冲、清理及疏通装置等应当满足防堵防溃要求。

（二）严禁煤仓兼作流水道，煤仓上口应当高于巷道底板。煤仓有淋水时必须采取封堵疏干、引流等措施。煤流中水量较大时应当采取煤水分离措施。

（三）工作面转载机等地点应当安装破碎

机，煤流运输系统应当安设除铁器，煤仓入口应当安装箅子，推广应用异物识别等技术，严防大块煤矸和铁器、木料等杂物进入煤仓。

（四）煤仓应当安装视频监视、人员接近预警、一氧化碳传感器、甲烷传感器、煤位计等监测仪器设备，相关数据接入视频监视、安全监控等系统，对积煤异常等情况及时发现并报警。

煤仓装载量、空仓量应当控制在规定范围内。放空时应当采取防止风流短路的措施。

（五）检查煤仓、溜煤（矸）眼和处理堵塞时，必须制定安全措施。应当制定煤仓溃仓专项处置方案。

处置堵仓时，严禁人员从下方进入，应当采用固定机械方式疏通；爆破处理时应当严格执行本规程第三百九十六条有关要求。

处置溃仓时，严格执行专项处置方案，确保施工人员安全，严防发生二次溃仓事故。

（六）放煤硐室或者操作台严禁直接置于

煤仓下口处，倾斜巷道严禁布置在巷道下山方向。推广应用给煤装置远程控制技术。

第四章 通 风

第一百五十六条 井下风流中的空气成分必须符合下列安全健康指标要求：

（一）采掘工作面的进风流中，氧气浓度不低于20%，二氧化碳浓度不超过0.5%。

（二）有害气体的浓度不超过表5规定。

表5 矿井有害气体最高允许浓度

名　称	最高允许浓度/%
一氧化碳 CO	0.0024
氧化氮（换算成 NO_2）	0.00025
二氧化硫 SO_2	0.0005
硫化氢 H_2S	0.00066
氨 NH_3	0.004

甲烷、二氧化碳和氢气的允许浓度按照本规程的有关规定执行。

矿井中所有气体的浓度均按照体积百分比计算。

第一百五十七条 井巷中的风流速度应当符合表6要求。

表6 井巷中的允许风流速度

井巷名称	允许风速/($m \cdot s^{-1}$) 最低	允许风速/($m \cdot s^{-1}$) 最高
无提升设备的风井和风硐		15
专为升降物料的井筒		12
风桥		10
升降人员和物料的井筒		8
总进风巷和总回风巷		8
架线电机车巷道	1.0	8
箕斗提升井兼作进风的井筒		6
装有带式输送机兼作回风的井筒		6
输送机巷、采区进、回风巷	0.25	6
装有带式输送机兼作进风的井筒		4

续表

井巷名称	允许风速/（m·s^{-1}）	
	最低	最高
采煤工作面、掘进中的煤巷和半煤岩巷	0.25	4
掘进中的岩巷	0.15	4
其他通风人行巷道*	0.15	

*安设风门的联络巷在符合本规程第一百五十六条规定的前提下不受最低风速限制。

设有梯子间的井筒或者修理中的井筒，风速不得超过8m/s；梯子间四周经封闭后，井筒中的最高允许风速可以按照表6规定执行。

无瓦斯涌出的架线电机车巷道中的最低风速可以低于表6的规定值，但不得低于0.5m/s。

综合机械化采煤工作面，在采取煤层注水和采煤机喷雾降尘等措施后，其最大风速可以高于表6的规定值，但不得超过5m/s。

第一百五十八条 进风井口以下的空气温度（干球温度，下同）必须在2℃以上。

第一百五十九条 矿井需要的风量应当按照下列要求分别计算，并选取其中的最大值：

（一）按照井下同时工作的最多人数计算，每人每分钟供给风量不得少于 $4m^3$。

（二）按照采掘工作面、硐室及其他地点实际需要风量的总和进行计算。各地点的实际需要风量，必须使该地点的风流中的甲烷、二氧化碳和其他有害气体的浓度，风速、温度及每人供风量符合本规程的有关规定。

使用煤矿用防爆型柴油动力装置机车运输的矿井，行驶车辆巷道（联络巷除外）的供风量还应当按照同时运行的最多车辆数验算巷道配风量，配风量验算取值每千瓦不小于 $4m^3/min$。

按照实际需要计算风量时，应当避免备用风量过大或者过小。煤矿企业应当根据具体条件制定风量计算方法，至少每 5 年修订 1 次。

第一百六十条 矿井每年安排采掘作业计划时必须核定矿井通风能力，严禁超通风能力生产。

第一百六十一条 矿井必须建立测风制度，每旬至少进行1次全面测风。对采掘工作面和其他用风地点，应当根据实际需要随时测风，每次测风结果应当记录并在测风地点的记录牌上更新。除采掘工作面外，实现了实时风量监测的测风地点，可以不再人工测风，但必须定期校准。

应当根据测风结果采取措施，进行风量调节。

第一百六十二条 矿井必须有足够数量的通风安全检测仪表。仪表必须由具备相应资质的检验单位进行检验。

第一百六十三条 矿井必须有完整的独立通风系统。改变全矿井通风系统时，必须编制通风设计及安全措施，由煤矿企业技术负责人审批。

第一百六十四条 贯通巷道必须遵守下列规定：

（一）巷道贯通前应当制定贯通专项措施。

1. 综合机械化掘进巷道在相距 50m 前、其他巷道在相距 20m 前，必须停止一个工作面作业，贯通前做好调整通风系统的准备工作。

2. 停掘的工作面必须保持正常通风，设置栅栏及警标，每班必须检查风筒的完好状况和工作面及其回风流中的瓦斯浓度，瓦斯浓度超限时，必须立即处理。

3. 掘进的工作面每次爆破前，必须派专人和瓦斯检查工共同到停掘的工作面检查工作面及其回风流中的瓦斯浓度，瓦斯浓度超限时，必须先停止在掘工作面的工作，然后处理瓦斯，只有掘进的工作面和贯通的工作面及其回风流中的甲烷浓度都在 1.0% 以下时，掘进的工作面方可爆破。每次爆破前，2 个工作面入口必须有专人警戒。

（二）贯通时，必须由专人在现场统一指挥。

（三）贯通后，必须停止贯通影响区域内的一切工作，立即调整通风系统；风流稳定后，方可恢复工作；影响区域由煤矿总工程师组织确定。

间距小于 20m 的平行巷道的联络巷贯通，必须遵守以上规定。

第一百六十五条 进、回风井之间，总进、回风巷之间和采（盘）区进、回风巷之间的每条联络巷中，必须砌筑永久性风墙；需要使用的行人、行车联络巷，必须安设不少于 2 道正向联锁风门和 2 道反向风门，或者安设不少于 2 道同时具备正向和反向功能的联锁风门；需要使用的联络巷用作其他用途时，必须进行专项设计，由煤矿总工程师审批。

第一百六十六条 箕斗提升井或者装有带式输送机的井筒兼作风井使用时，必须遵守下列规定：

（一）生产矿井现有箕斗提升井兼作回风井时，井上下装、卸载装置和井塔（架）必须有防尘和封闭措施。装有带式输送机的井筒兼作回风井时，必须装设甲烷传感器并实现甲烷超限断电闭锁。

(二) 箕斗提升井或者装有带式输送机的井筒兼作进风井时应当有防尘措施。装有带式输送机的井筒中必须装设自动报警灭火装置、敷设消防管路。

第一百六十七条 矿井开拓新水平和准备新采(盘)区的回风,必须引入总回风巷或者回风井。在未构成通风系统前,可以将此回风引入生产水平的进、回风中;但在有瓦斯喷出或者有突出危险的矿井中,开拓新水平和准备新采(盘)区时,必须先在无瓦斯喷出或者无突出危险的煤(岩)层中掘进巷道并构成通风系统,为构成通风系统的掘进巷道的回风,可以引入生产水平的进、回风中。上述2种引入生产水平进风之前的回风流中的甲烷和二氧化碳浓度都不得超过0.5%,其他有害气体浓度必须符合本规程第一百五十六条的规定,并制定安全措施,报煤矿企业技术负责人审批。

第一百六十八条 生产水平和采(盘)区

必须实行分区通风。

准备采（盘）区，应当在采（盘）区构成按照设计贯穿整个采（盘）区的通风系统后，方可开掘回采巷道；采用倾斜长壁布置的，大巷必须至少超前2个区段，并构成通风系统后，方可开掘回采巷道。采煤工作面必须在采（盘）区和采煤工作面构成按照设计全部完工的完整通风、排水系统后，方可回采。

高瓦斯、突出矿井的每个采（盘）区和开采容易自燃煤层的采（盘）区，必须设置至少1条专用回风巷；低瓦斯矿井开采煤层群或者分层开采，采用联合布置的采（盘）区，必须设置1条专用回风巷。

生产采（盘）区进、回风巷必须贯穿整个采（盘）区，严禁一段为进风巷、一段为回风巷。

第一百六十九条 采、掘工作面应当实行独立通风，严禁2个采煤工作面之间串联通风。

同一采区内1个采煤工作面与其相连接的

1个掘进工作面、相邻的2个掘进工作面，布置独立通风有困难时，在制定措施后，可以采用串联通风，但串联通风的次数不得超过1次。

采区内为构成新区段通风系统的掘进巷道或者采煤工作面遇地质构造而重新掘进的巷道，布置独立通风有困难时，其回风可以串入采煤工作面，但必须制定安全措施，且串联通风的次数不得超过1次；构成独立通风系统后，必须立即改为独立通风。

对于本条规定的串联通风，必须在进入被串联工作面的巷道中装设甲烷传感器，且甲烷和二氧化碳浓度都不得超过0.5%，其他有害气体浓度都应当符合本规程第一百五十六条的要求。

开采有瓦斯喷出、有突出危险的煤层或者在距离突出煤层垂距小于10m的区域掘进施工时，严禁任何2个工作面之间串联通风。

第一百七十条 井下所有煤仓和溜煤眼都应当保持一定的存煤，不得放空；有涌水的煤仓和溜煤眼，可以放空，但放空后放煤口闸板必须关闭，并设置引水管。

溜煤眼不得兼作风眼使用。

第一百七十一条 煤层倾角大于8°的采煤工作面采用下行通风时，应当报煤矿总工程师批准，并遵守下列规定：

（一）采煤工作面风速不得低于1m/s。

（二）在进、回风巷中必须设置消防供水管路。

（三）有突出危险的采煤工作面严禁采用下行通风。

第一百七十二条 采煤工作面必须采用矿井全风压通风，严禁采用局部通风机稀释回风隅角瓦斯。

采掘工作面的进风和回风不得经过采空区。水采和连续采煤机开采的工作面由采空区回风时，工作面必须有足够的新鲜风流，工作面及其回风巷风流中的甲烷和二氧化碳浓度必须符合本规程第一百九十二条、第一百九十三条和第一百九十四条的规定。

无煤柱开采沿空送巷和沿空留巷时,应当采取与采空区隔离的防止漏风措施。

矿井在同一煤层、同翼或者同一采区相邻正在开采的采煤工作面沿空送巷时,采掘工作面严禁同时作业。

第一百七十三条 采空区必须及时封闭。必须随采煤工作面的推进逐个封闭通至采空区的连通巷道。采区开采结束后45天内,必须在所有与已采区相连通的巷道中设置密闭墙,全部封闭采区。

第一百七十四条 控制风流的风门、风桥、风墙、风窗等设施必须可靠。

不应在倾角大于8°的倾斜运输巷中设置风门;如果必须设置风门,应当安设自动风门或者设专人管理,并有防止车辆或者风门碰撞人员以及车辆碰坏风门的安全措施。

开采突出煤层时,工作面回风侧不得设置调节风量的设施。

第一百七十五条 新井投产前必须进行1次矿井通风阻力测定，以后每3年至少测定1次。生产矿井转入新水平生产、改变一翼或者全矿井通风系统后，必须重新进行矿井通风阻力测定。

第一百七十六条 矿井通风系统图必须标明风流方向、风量和通风设施的安装地点。必须按照季度绘制通风系统图，并按照月度补充修改。多煤层同时开采的矿井，必须绘制分层通风系统图。

应当绘制矿井通风系统立体示意图和矿井通风网络图。

第一百七十七条 矿井必须采用机械通风。

主要通风机的安装和使用应当符合下列要求：

（一）主要通风机必须安装在地面；装有通风机的井口必须封闭严密，其外部漏风率在无提升设备时不得超过5%，有提升设备时不得超过15%。

（二）必须保证主要通风机连续运转。

（三）必须安装2套同等能力的主要通风机装置，其中1套作备用，备用通风机必须能在10min内开动。

（四）严禁采用局部通风机或者风机群作为主要通风机使用。

（五）装有主要通风机的出风井口应当安装防爆门，防爆门每6个月检查维修1次。

（六）至少每月检查1次主要通风机。改变主要通风机转数、叶片角度或者对旋式主要通风机运转级数时，必须经煤矿总工程师批准。

（七）新安装的主要通风机投入使用前，必须进行试运转和通风机性能测定，以后每5年至少进行1次性能测定。

（八）主要通风机技术改造及更换叶片后必须进行性能测定。

（九）井下严禁安设辅助通风机。

第一百七十八条 生产矿井主要通风机必须装有反风设施，并能在10min内改变巷道中的风流方向；当风流方向改变后，主要通风机的供给风量不应小于正常供风量的40%。

每季度应当至少检查1次反风设施，每年应当进行1次反风演习；矿井通风系统有较大变化时，应当进行1次反风演习。

第一百七十九条 严禁主要通风机房兼作他用。主要通风机房内必须安装水柱计（压力表）、电流表、电压表、轴承温度计等仪表，还必须有直通矿调度室的电话，并有反风操作系统图、司机岗位责任制和操作规程。主要通风机的运转应当由专职司机负责，司机应当每小时将通风机运转情况记入运转记录簿内；发现异常，立即报告。实现主要通风机集中监控、视频监视的主要通风机房可以不设专职司机，但必须实行巡检制度，具有监控记录功能，数据至少保存2年。

第一百八十条 矿井必须制定主要通风机停止运转的应急救援预案。因检修、停电或者其他原因停止主要通风机运转时，必须制定停风的应对措施。

变电所或者电厂在停电前,必须将预计停电时间通知矿调度室。

主要通风机停止运转时,井下必须立即停止工作、切断电源,人员全部撤至应急救援预案规定的安全地带。

主要通风机停止运转期间,必须打开井口防爆门和有关风门,利用自然风压通风;对由多台主要通风机联合通风的矿井,必须正确控制风流,防止风流紊乱。

第一百八十一条 矿井开拓或者准备采区时,设计中必须根据该处全风压供风量和瓦斯涌出量编制通风设计。掘进巷道的通风方式、局部通风机和风筒的安装和使用等应当在作业规程中明确规定。

第一百八十二条 掘进巷道必须采用矿井全风压通风或者压入式局部通风机通风(用于除尘且具备甲烷电闭锁功能的抽出式通风机除外)。

第一百八十三条 安装和使用局部通风机和风筒时，必须遵守下列规定：

（一）局部通风机由指定人员负责管理。

（二）压入式局部通风机和启动装置安装在进风巷道中，距掘进巷道回风口不得小于10m；全风压供给的风量必须大于局部通风机的吸入风量，局部通风机安装地点到回风口间的巷道中的最低风速必须符合本规程第一百五十七条的要求。

（三）高瓦斯、突出矿井的煤巷、半煤岩巷和有瓦斯涌出的岩巷掘进工作面正常工作的局部通风机必须配备安装同等能力的备用局部通风机，并能自动切换。正常工作的局部通风机必须采用三专（专用开关、专用电缆、专用变压器）供电，专用变压器最多可以向4个不同掘进工作面的局部通风机供电；备用局部通风机电源必须取自同时带电的另一电源，当正常工作的局部通风机发生故障时，备用局部通风机能自动启动，保持掘进工作面正常通风。

（四）其他掘进工作面和通风地点正常工作的局部通风机可以采用由三专供电的局部通风机，或者配备一台能够自动切换的同等能力备用局部通风机。正常工作的局部通风机和备用局部通风机的电源必须取自同时带电的不同母线段的相互独立的电源，保证正常工作的局部通风机发生故障时，备用局部通风机能投入正常工作。

（五）采用抗静电、阻燃风筒。风筒口到掘进工作面的距离、正常工作的局部通风机和备用局部通风机自动切换的交叉风筒接头的规格和安设标准，应当在作业规程中明确规定。

（六）正常工作和备用局部通风机均失电停止运转后，当电源恢复时，正常工作的局部通风机和备用局部通风机均不得自行启动，必须人工就地或者远程人工开启局部通风机，启动条件按照本规程第一百九十七条执行。

（七）使用局部通风机供风的地点必须实行风电闭锁和甲烷电闭锁，保证当正常工作的局部通风机停止运转或者停风后能切断停风区内全部非本质安全型电气设备的电源。正常工作的局部通风机发生故障、切换到备用局部通风机工作时，该局部通风机通风范围内应当停止工作，排除故障；待故障被排除，恢复到正常工作的局部通风后方可恢复工作。使用2台局部通风机同时供风的，2台局部通风机都必须同时实现风电闭锁和甲烷电闭锁。

（八）每15天至少进行1次风电闭锁和甲烷电闭锁试验，每天应当进行1次正常工作的局部通风机与备用局部通风机自动切换试验，试验期间不得影响局部通风，试验记录要存档备查。

（九）严禁使用3台以上局部通风机同时向1个掘进工作面供风。不得使用1台局部通风机同时向2个以上作业的掘进工作面供风。

第一百八十四条 使用局部通风机通风的掘进工作面，不得无计划停风；因检修、停电、出现故障等原因停风时，必须将人员全部撤至全风压进风流处，切断停风区非本质安全型电气设备的电源，设置栅栏、警示标志，禁止人员入内。

第一百八十五条 井下爆炸物品库必须实行独立通风，回风风流必须直接引入矿井的总回风巷中。新建矿井采用对角式通风系统时，投产初期可以利用采区岩石上山或者用不燃性材料支护和不燃性背板背严的煤层上山作爆炸物品库的回风巷。必须保证爆炸物品库每小时能有其总容积4倍的风量。

第一百八十六条 井下铅酸蓄电池动力装置充电硐室应当实行独立通风，在同一时间内，5t及以下的铅酸蓄电池车辆充电电池的数量不超过3组、5t以上的铅酸蓄电池车辆充电电池的数量不超过1组时，可以不采用独立通风，但必须在新鲜风流中。

井下锂电池动力装置充电硐室应当符合下列要求：

（一）硐室建设应当进行专项设计，由煤

矿总工程师审批,竣工后由矿长组织验收,并制定管理制度。

(二)应当实行独立通风,且回风风流应当直接引入总回风巷或者采(盘)区回风巷。

(三)优先布置在岩层内;布置于煤层内时,必须采用砌碹或者锚网喷等不燃性材料支护。硐室内配置自动灭火装置,进风侧设置应急防火门。

(四)应当实行视频监视和甲烷、一氧化碳、氢气、烟雾、温度等参数自动监测,具备超限自动切断充电电源功能;充电机应当有故障监控与自动切断充电电源功能。

(五)充电时应当有人值守。

井下充电硐室风流中以及局部积聚处的氢气浓度,应当小于0.5%。

第一百八十七条 井下机电设备硐室必须设在进风风流中;采用扩散通风的硐室,其深度不得超过6m、入口宽度不得小于1.5m,并且无瓦斯涌出。

采区变电所及实现采区变电所功能的中央变电所必须实行独立通风。

第五章　瓦斯与煤尘爆炸防治

第一节　瓦斯防治

第一百八十八条　一个矿井中只要有一个煤（岩）层发现瓦斯，该矿井即为瓦斯矿井。瓦斯矿井必须依照矿井瓦斯等级进行管理。

根据矿井瓦斯涌出量、瓦斯涌出形式及瓦斯动力现象等，矿井瓦斯等级划分为：突出矿井、高瓦斯矿井、低瓦斯矿井。

（一）突出矿井，是指符合本规程第二百一十条规定的矿井。

（二）高瓦斯矿井，是指具备下列情形之一的非突出矿井：

1. 矿井相对瓦斯涌出量大于 $10m^3/t$。
2. 矿井绝对瓦斯涌出量大于 $40m^3/min$。

3. 矿井任一掘进工作面绝对瓦斯涌出量大于 $3m^3/min$。

4. 矿井任一采煤工作面绝对瓦斯涌出量大于 $5m^3/min$。

5. 发生过瓦斯喷出现象的。

(三) 低瓦斯矿井,是指除本条第(一)、(二)项以外的瓦斯矿井。

第一百八十九条 每 2 年必须对低瓦斯矿井进行瓦斯等级和二氧化碳涌出量的鉴定工作,鉴定结果报省级煤矿安全监管部门、煤炭行业管理部门和驻地矿山安全监察机构。上报时应当包括开采煤层最短自然发火期和自燃倾向性、煤尘爆炸性的鉴定结果。高瓦斯、突出矿井不再进行周期性瓦斯等级鉴定工作,但应当每年测定和计算矿井、采区、工作面瓦斯和二氧化碳涌出量,并报省级煤矿安全监管部门、煤炭行业管理部门和驻地矿山安全监察机构。

高瓦斯矿井应当测定已开拓各采(盘)区开采煤层及厚度 0.3m 以上的邻近煤层(距开

采煤层上方 8 倍煤厚的煤层和下方 20m 的煤层）的瓦斯基本参数，包括瓦斯含量、瓦斯压力、瓦斯吸附常数、瓦斯放散初速度、煤的坚固性系数，以及开采煤层的抽采半径等。

新建矿井设计文件中，应当有厚度 0.3m 以上煤层的瓦斯含量资料。

第一百九十条 低瓦斯矿井必须建立防止瓦斯异常的制度，并遵守下列规定：

（一）开拓新水平、新采区，揭露新煤层，以及采煤工作面绝对瓦斯涌出量超过 $3m^3/min$ 或者掘进工作面绝对瓦斯涌出量超过 $1m^3/min$ 时，应当测定煤层瓦斯含量或者瓦斯压力。

（二）启用密闭区、盲巷等区域时，必须制定安全排放瓦斯措施。

（三）开采容易自燃和自燃煤层时，必须加强对采空区瓦斯爆炸风险的分析、制定安全措施。

（四）必须建立健全并实施通风瓦斯定期分析制度、制定防范措施。

（五）瓦斯排放、巷道贯通、揭露煤层、清理煤仓、强制放顶、火区封闭和启封等重点作业环节必须做好瓦斯监测，强化瓦斯防治。

第一百九十一条 矿井总回风巷中甲烷或者二氧化碳浓度达到0.75%时，必须立即查明原因，进行处理。

第一百九十二条 采区回风巷、采掘工作面回风巷风流中甲烷浓度达到1.0%或者二氧化碳浓度达到1.5%时，必须停止工作，撤出人员，采取措施，进行处理。

第一百九十三条 采掘工作面及其他作业地点风流中甲烷浓度达到1.0%时，必须停止用电作业；爆破地点附近20m以内风流中甲烷浓度达到1.0%时，严禁爆破。

采掘工作面及其他作业地点风流中、电动机或者其开关安设地点附近20m以内风流中的甲烷浓度达到1.5%时，必须停止工作，切断电源，撤出人员，进行处理。

采掘工作面及其他巷道内，体积大于$0.5m^3$

的空间内积聚的甲烷浓度达到 2.0%时，附近 20m 内必须停止工作，撤出人员，切断电源，进行处理。

第一百九十四条 采掘工作面风流中二氧化碳浓度达到 1.5%时，必须停止工作，撤出人员，查明原因，制定措施，进行处理。

第一百九十五条 修复旧井巷时，必须首先检查瓦斯。当瓦斯积聚时，必须按照规定排放，只有在回风流中甲烷浓度不超过 1.0%、二氧化碳浓度不超过 1.5%、空气成分符合本规程第一百五十六条的要求时，才能作业。

第一百九十六条 矿井必须从设计和采掘生产管理上采取措施，防止瓦斯积聚；当发生瓦斯积聚时，必须及时处理。当瓦斯超限达到断电浓度时，班组长、瓦斯检查工、安全检查工、矿调度员有权责令现场作业人员停止作业，停电撤人。

矿井必须有因停电和检修主要通风机停止运转或者通风系统遭到破坏以后恢复通风、排除瓦斯和送电的安全措施。恢复正常通风后，所有受到停风影响的地点，都必须经过通风、瓦斯检查人员检查，证实无危险后，方可恢复工作。所有安装电动机及其开关的地点附近20m的巷道内，都必须检查瓦斯，只有甲烷浓度符合本规程规定时，方可开启。

临时停工的地点，不得停风；否则必须切断非本质安全型电气设备的电源，设置栅栏、警标，禁止人员进入，并向矿调度室报告。停工区内甲烷或者二氧化碳浓度达到3.0%或者其他有害气体浓度超过本规程第一百五十六条的规定不能立即处理时，必须在24h内封闭完毕。

恢复已封闭的停工区或者采掘工作接近这些地点时，必须事先排除其中积聚的瓦斯。排除瓦斯工作必须制定安全技术措施。

严禁在停风或者瓦斯超限的区域内作业。

第一百九十七条 局部通风机因故停止运转，在恢复通风前，必须首先检查瓦斯，只有停风区中最高甲烷浓度不超过 1.0%和最高二氧化碳浓度不超过 1.5%,且局部通风机及其开关附近 10m 以内风流中的甲烷浓度都不超过 0.5%时,方可人工就地或者远程人工开启局部通风机,恢复正常通风。

停风区中甲烷浓度超过 1.0%或者二氧化碳浓度超过 1.5%,最高甲烷浓度和二氧化碳浓度不超过 3.0%时,必须采取安全措施,控制风流排放瓦斯。

停风区中甲烷浓度或者二氧化碳浓度超过 3.0%时,必须制定安全排放瓦斯措施,报煤矿总工程师批准。

在排放瓦斯过程中,严禁采用"一风吹",排出的瓦斯与全风压风流混合处的甲烷和二氧化碳浓度均不得超过 1.5%,且混合风流经过的所有巷道内必须停电撤人,其他地点的停电撤人范围应当在措施中明确规定。只有恢复通风的巷道风流中甲烷浓度不超过 1.0%和二氧化碳浓度不超过 1.5%时,方可人工就地或者远程人工恢复局部通风机供风、巷道内电气设备的供电和采区回风系统内的供电。

第一百九十八条 井筒施工以及开拓新水平的井巷第一次接近厚度 0.3m 以上煤层时，必须探明煤层的准确位置，必须在距煤层法向距离 10m 以外开始施工探煤钻孔，探煤钻孔超前工作面的距离不得小于 5m，并有瓦斯检查工经常检查瓦斯。

岩巷掘进遇到煤线或者接近地质破坏带时，必须有瓦斯检查工经常检查瓦斯；发现瓦斯大量增加或者其他异常时，必须停止掘进、撤出人员、进行处理。

第一百九十九条 有瓦斯或者二氧化碳喷出的煤（岩）层，采掘作业前必须采取下列措施：

（一）施工前探钻孔或者瓦斯治理钻孔。

（二）加大喷出危险区域的风量。

（三）将喷出的瓦斯或者二氧化碳直接引入回风巷或者抽采瓦斯管路。

第二百条 在有油气爆炸危险的矿井中,应当使用能检测油气成分的仪器检查各个地点的油气浓度,并定期采样化验油气成分和浓度。对油气浓度的规定可以按照本规程有关瓦斯的各项规定执行。

第二百零一条 矿井必须建立甲烷、二氧化碳和其他有害气体检查制度,并遵守下列规定:

(一)所有有人作业的采掘工作面(不包括工作面进风巷)必须人工检查甲烷和二氧化碳,检查次数如下:

1. 低瓦斯矿井,每班至少1次。

2. 高瓦斯矿井,每班至少2次。

3. 突出煤层、有瓦斯喷出危险或者瓦斯涌出较大、变化异常的采掘工作面,每班至少3次。

(二)矿井总回风巷、采区回风巷、采掘工作面进风巷、机电材料硐室、破煤岩作业点、安装有在用非本质安全型机电设备的回风巷道、采空区密闭墙外、停风地点栅栏外、冒高超过0.5m的高冒点等瓦斯可能积聚或者浓度可能超限的地点应当纳入人工（机器人）检查或者安全监控系统监控的范围，检查或者监控的内容、方式、频次由煤矿企业技术负责人确定。

（三）在安全监控系统运行正常的情况下，无人作业的采掘工作面可以不再进行人工瓦斯检查。

（四）在有自然发火危险的矿井，必须定期检查一氧化碳浓度、气体温度等变化情况。

（五）瓦斯检查工必须执行瓦斯巡回检查制度和请示报告制度，并认真填写瓦斯检查班报。每次检查结果必须记入瓦斯检查班报和检查地点的记录牌上，并通知现场工作人员。甲烷浓度超过本规程规定时，瓦斯检查工有权责令现场人员停止工作，并撤到安全地点。

（六）通风值班人员必须审阅瓦斯班报，掌握瓦斯变化情况，发现问题，及时处理，并向矿调度室汇报。通风瓦斯日报必须送矿长、矿总工程师审阅，一矿多井的矿必须同时送井长、井技术负责人审阅。对重大的通风、瓦斯问题，应当制定措施，进行处理。

（七）矿领导、科（区、队）长、班长、工程技术人员、爆破员、流动电（钳）工、防突工、探放水工、采煤机司机、掘进机司机、安全检查工、安全监测工等下井时，必须携带便携式甲烷检测报警仪。瓦斯检查工必须携带便携式光学甲烷检测仪和便携式甲烷检测报警仪。

第二百零二条 突出矿井必须建立地面永久抽采瓦斯系统并抽采达标。

有下列情况之一的矿井，必须建立地面永久抽采瓦斯系统或者井下临时抽采瓦斯系统并抽采达标：

（一）任一采煤工作面的瓦斯涌出量大于$5m^3/min$或者任一掘进工作面瓦斯涌出量大于$3m^3/min$，用通风方法解决瓦斯问题不合理的。

(二) 矿井绝对瓦斯涌出量达到下列条件的：

1. 大于或者等于 40m³/min。

2. 年产量 1.0~1.5Mt 的矿井，大于 30 m³/min。

3. 年产量 0.6~1.0Mt 的矿井，大于 25 m³/min。

4. 年产量 0.4~0.6Mt 的矿井，大于 20 m³/min。

5. 年产量小于或者等于 0.4Mt 的矿井，大于 15m³/min。

第二百零三条 抽采瓦斯泵房及设施应当符合下列要求：

(一) 地面泵房必须用不燃性材料建筑，并必须有防雷电装置，其距进风井口和主要建筑物不得小于 50m，并用栅栏或者围墙保护。

(二) 地面泵房和泵房周围 20m 范围内，禁止堆积易燃物和有明火。

(三) 抽采瓦斯泵及其附属设备，至少应

当有1套备用，备用泵能力不得小于运行泵中最大一台单泵的能力。

（四）地面泵房内电气设备、照明和其他电气仪表都应当采用矿用防爆型；否则必须采取安全措施。

（五）泵房必须有直通矿调度室的电话和检测管道瓦斯浓度、流量、压力等参数的仪表或者自动监测系统。

（六）干式抽采瓦斯泵吸气侧管路系统中，必须装设有防回火、防回流和防爆炸作用的安全装置，并定期检查。抽采瓦斯泵站放空管的高度应当超过泵房房顶3m。

泵房必须有专人值班，经常检测各参数，做好记录。当抽采瓦斯泵停止运转时，必须立即向矿调度室报告。如果利用瓦斯，在瓦斯泵停止运转后和恢复运转前，必须通知使用瓦斯的单位，取得同意后，方可供应瓦斯。实现抽采泵集中监控、视频监视的泵房可以不设专人值班，但必须实行巡检制度。

第二百零四条 设置井下临时抽采瓦斯泵站时，必须遵守下列规定：

（一）临时抽采瓦斯泵站应当安设在抽采瓦斯地点附近的新鲜风流中。

（二）抽出的瓦斯可以引排到地面、总回风巷或者采（盘）区回风巷，但必须保证稀释后风流中的瓦斯浓度不超限。在建有地面永久抽采系统的矿井，临时泵站抽出的瓦斯可以送至永久抽采系统的管路，但矿井抽采系统的瓦斯浓度必须符合本规程第二百零五条的规定。

（三）抽出的瓦斯排入回风巷时，在排瓦斯管路出口必须设置栅栏、悬挂警戒牌等。栅栏设置的位置为：上风侧距管路出口5m、下风侧距管路出口30m。两栅栏间禁止任何作业。

第二百零五条 抽采瓦斯必须遵守下列规定：

（一）抽采容易自燃和自燃煤层的采空区瓦斯时，抽采管路应当安设一氧化碳、甲烷、温度传感器，实现实时监测监控。发现有自然发火预兆时,应当立即采取措施。

(二) 井上下敷设的瓦斯管路,不得与非本质安全型带电物体接触,并应当有防止砸坏管路的措施。

(三) 采用干式抽采瓦斯设备时,必须具有自动监控瓦斯浓度功能的装置,进入抽采泵的瓦斯浓度必须高于25%或者低于2%、煤尘浓度不得高于$1g/m^3$,否则不得使用干式抽采。采用干式抽采必须由煤矿企业技术负责人审批。

(四) 在抽采泵出气侧管路及利用瓦斯的系统中必须装设有防回火、防回流和防爆炸作用的安全装置。

(五) 瓦斯利用应当按照国家相关规定执行。

第二节 煤尘爆炸防治

第二百零六条 新建矿井或者生产矿井每延深一个新水平,应当对开采煤层至少进行1次煤尘爆炸性鉴定工作,鉴定结果报省级煤矿安全监管部门、煤炭行业管理部门和驻地矿山安全监察机构。

煤矿应当根据鉴定结果采取相应的安全措施。

第二百零七条 开采有煤尘爆炸危险煤层的矿井，必须有预防和隔绝煤尘爆炸的措施。矿井的两翼、相邻的采区、相邻的开采煤层间必须用水棚或者岩粉棚隔开，相邻的采煤工作面间、掘进煤巷同与其相连的巷道间、煤仓同与其相连的巷道间、采用独立通风并有煤尘爆炸危险的其他地点同与其相连的巷道间，必须用水棚、岩粉棚或者经专项安装设计的机械式自动隔爆装置隔开。

必须及时清除巷道中的浮煤，清扫、冲洗沉积煤尘或者定期撒布岩粉；应当定期对主要大巷刷浆。

第二百零八条 矿井应当每年制定综合防尘措施、预防和隔绝煤尘爆炸措施及管理制度，并组织实施。

矿井应当每周至少检查 1 次隔爆设施的安装地点、数量、水棚水量、岩粉棚岩粉量、机械式自动隔爆装置的气体压力及安装质量是否符合要求。

第二百零九条 高瓦斯矿井、突出矿井和有煤尘爆炸危险的矿井，煤巷和半煤岩巷掘进工作面应当安设隔爆设施。

第六章 煤与瓦斯突出防治

第一节 一般规定

第二百一十条 在矿井井田范围内发生过煤与瓦斯突出的煤（岩）层或者经鉴定、认定为有突出危险的煤（岩）层为突出煤（岩）层。在矿井的开拓、生产范围内有突出煤（岩）层的矿井为突出矿井。

煤矿发生生产安全事故，经事故调查认定为突出事故的，发生事故的煤层直接认定为突出煤层,该矿井为突出矿井。

有下列情况之一的煤层,应当立即进行煤层突出危险性鉴定,否则直接认定为突出煤层;鉴定未完成前,应当按照突出煤层管理:

(一)有瓦斯动力现象的。

(二)瓦斯压力达到或者超过 0.74MPa 的。

(三)相邻矿井开采的同一煤层发生突出事故或者被鉴定、认定为突出煤层的。

煤矿企业应当将突出矿井及突出煤层的鉴定结果报省级煤矿安全监管部门、煤炭行业管理部门和驻地矿山安全监察机构。

新建矿井应当对井田范围内采掘工程可能揭露的所有平均厚度在 0.3m 以上的煤层进行突出危险性评估,评估结论作为矿井初步设计和建井期间井巷揭煤作业的依据。评估为有突出危险时,建井期间应当对开采煤层及其他可能对采掘活动造成威胁的煤层进行突出危险性鉴定或者认定。

第二百一十一条 突出矿井的防突工作必

须坚持区域综合防突措施先行、局部综合防突措施补充的原则。

区域综合防突措施包括区域突出危险性预测、区域防突措施、区域防突措施效果检验和区域验证等内容。

局部综合防突措施包括工作面突出危险性预测、工作面防突措施、工作面防突措施效果检验和安全防护措施等内容。

突出矿井的新采区和新水平进行开拓设计前，应当对开拓采区或者开拓水平内平均厚度在0.3m以上的煤层进行突出危险性评估，评估结论作为开拓采区或者开拓水平设计的依据。对评估为无突出危险的煤层，所有井巷揭煤作业还必须采取区域或者局部综合防突措施；对评估为有突出危险的煤层，按照突出煤层进行设计。

突出煤层突出危险区必须采取区域防突措施，严禁在区域防突措施效果未达到要求的区域进行采掘作业。

施工中发现有突出预兆或者发生突出的区域，必须采取区域综合防突措施。

经区域验证有突出危险，则该区域必须采取区域或者局部综合防突措施。

按照突出煤层管理的煤层，必须采取区域或者局部综合防突措施。

在突出煤层进行采掘作业期间必须采取安全防护措施。

第二百一十二条 突出矿井必须确定合理的采掘部署，使煤层的开采顺序、巷道布置、采煤方法、采掘接替等有利于区域防突措施的实施。

突出矿井在编制生产发展规划和年度生产计划时，必须同时编制相应的区域防突措施规划和年度实施计划，将保护层开采、区域预抽煤层瓦斯等工程与矿井采掘部署、工程接替等统一安排，使矿井的开拓区、抽采区、保护层开采区和被保护层有效区按照比例协调配置，确保采掘作业在区域防突措施有效区内进行。

第二百一十三条 有突出危险煤层的新建矿井及突出矿井的新水平、新采区的设计,必须有防突设计篇章。

非突出矿井升级为突出矿井时,必须编制防突专项设计。

第二百一十四条 突出矿井的防突工作应当遵守下列规定:

(一)配置满足防突工作需要的专门防突机构、专业防突队伍、检测分析仪器仪表和防突的设备。

新任职的防突机构负责人应当具备煤矿相关专业大专以上学历,具有5年以上煤矿相关工作经历;核定生产能力1.2Mt/a以上的突出矿井至少配备4名防突专业技术人员,其他突出矿井至少配备2名防突专业技术人员,防突专业技术人员应当具备煤矿相关专业中专以上学历。

(二)建立防突管理制度和各级岗位责任制,健全防突技术管理和培训制度。突出矿井的管理人员和井下作业人员必须接受防突知识培训，经培训合格后方可上岗作业。

（三）建立突出预警机制，加强两个"四位一体"综合防突措施实施过程的安全管理和质量管控，推进信息化管理，做到质量可靠、过程可溯、数据可信。用于区域预测、区域预抽、区域效果检验等的钻孔施工应当采用视频监视等可追溯的措施，并建立工程质量核查分析制度。

（四）不具备按照要求实施区域防突措施条件，或者实施区域防突措施时不能满足安全生产要求的突出煤层、突出危险区，不得进行采掘活动，并划定为禁采区。

（五）生产矿井煤层瓦斯压力达到或者超过3MPa的区域，必须采用地面钻井预抽煤层瓦斯，或者采用开采保护层的区域防突措施，或者采用井下远程操控方式施工钻孔的区域防突措施，并编制专项设计。

（六）井巷揭穿突出煤层必须编制防突专项设计，并报煤矿企业技术负责人审批。

（七）突出煤层采掘工作面必须编制防突专项设计。

（八）矿井必须对防突措施的技术参数和效果进行实际考察确定。

第二百一十五条 突出煤层的突出危险区域采掘工作应当遵守下列规定：

（一）在同一突出煤层的集中应力影响范围内，不得布置2个工作面相向回采或者掘进。

（二）严禁采用水力采煤法、倒台阶采煤法或者其他非正规采煤法。

（三）在急倾斜煤层中掘进上山时，应当采用双上山、伪倾斜上山等布置方式，并加强支护。

（四）坡度大于25°的上山不得采用由下往上的掘进方式。坡度大于8°的上山掘进工作面采用爆破作业时，应当采用深度不大于1.0m的炮孔远距离全断面一次爆破。

（五）严禁使用风镐作业。

（六）在过突出孔洞及其附近30m范围内进行采掘作业时，必须加强支护。

（七）安装、更换、维修或者回收支架时，必须采取预防煤体冒落引发突出的措施。

第二百一十六条 有突出危险煤层的新建矿井或者突出矿井，开拓新水平的井巷第一次揭穿（开）厚度为 0.3m 以上煤层时，必须超前探测煤层厚度及地质构造、测定煤层瓦斯压力及瓦斯含量等与突出危险性相关的参数。

第二百一十七条 在突出煤层顶、底板掘进岩巷时，必须超前探测煤层赋存及地质构造情况，分析勘测验证地质资料，编制巷道地质素描图，及时掌握施工动态和围岩变化情况，防止误穿突出煤层。

第二百一十八条 有突出矿井的煤矿企业应当填写突出卡片、分析突出资料、掌握突出规律、制定防突措施；在每年第一季度内，将上年度的突出资料报省级煤矿安全监管部门、煤炭行业管理部门和驻地矿山安全监察机构。

第二百一十九条 突出矿井必须编制并及时更新矿井瓦斯地质图，更新周期不得超过 1

年，图中应当标明采掘进度、被保护范围、煤层赋存条件、地质构造、突出点的位置、突出强度、采动应力叠加区域、突出危险区域、瓦斯基本参数及绝对瓦斯涌出量、相对瓦斯涌出量等资料，作为矿井突出危险性区域预测和制定防突措施的依据。

第二百二十条 突出煤层工作面的作业人员、瓦斯检查工、班组长应当掌握突出预兆识别方法。发现突出预兆时，必须立即停止作业，按照避灾路线撤出，并报告矿调度室。

班组长、瓦斯检查工、防突工、安全检查工、矿调度员有权责令相关现场作业人员停止作业，停电撤人。

第二百二十一条 煤与二氧化碳突出、岩石与二氧化碳突出、岩石与瓦斯突出的管理和防治措施参照本章规定执行。

第二节 区域综合防突措施

第二百二十二条 突出矿井应当对突出煤

层进行区域突出危险性预测（以下简称区域预测）。经区域预测后，突出煤层划分为无突出危险区和突出危险区。未进行区域预测的区域视为突出危险区。

第二百二十三条 具备开采保护层条件的突出危险区，必须开采保护层。选择保护层应当遵循下列原则：

（一）优先选择无突出危险的煤层作为保护层。矿井中所有煤层都有突出危险时，应当选择突出危险程度较小的煤层作保护层。

（二）应当优先选择上保护层；选择下保护层开采时，不得破坏被保护层的开采条件。

开采保护层后，在有效保护范围内的被保护层区域为无突出危险区，超出有效保护范围的区域仍然为突出危险区。

第二百二十四条 有效保护范围的划定及有关参数应当实际考察确定。正在开采的保护层采煤工作面，必须超前被保护层的掘进工作面，其超前距离不得小于保护层与被保护层之间法向距离的3倍,并不得小于100m。

第二百二十五条 对不具备保护层开采条件的突出厚煤层,利用上分层或者上区段开采后形成的卸压作用保护下分层或者下区段时,应当依据实际考察结果来确定其有效保护范围。

第二百二十六条 开采保护层时,应当不留设煤(岩)柱。特殊情况需留煤(岩)柱时,必须将煤(岩)柱的位置和尺寸准确标注在采掘工程平面图和瓦斯地质图上,在瓦斯地质图上还应当标出煤(岩)柱的影响范围。在煤(岩)柱及其影响范围内采掘作业前,必须采取区域预抽煤层瓦斯防突措施。

第二百二十七条 开采保护层时,必须同时抽采被保护层和邻近层的卸压瓦斯。开采近距离保护层时,必须采取防止误穿突出煤层和被保护层卸压瓦斯突然涌入保护层工作面的措施。

第二百二十八条 采取预抽煤层瓦斯区域防突措施时,应当遵守下列规定:

(一)预抽区段煤层瓦斯区域防突措施的

钻孔应当控制区段内整个回采区域、两侧回采巷道及其外侧如下范围内的煤层：倾斜、急倾斜煤层巷道上帮轮廓线外至少 20m，下帮至少 10m；其他煤层为巷道两侧轮廓线外至少各 15m。以上所述的钻孔控制范围均为沿煤层层面方向（以下同）。

（二）顺层钻孔或者穿层钻孔预抽回采区域煤层瓦斯区域防突措施的钻孔，应当控制整个回采区域的煤层。

（三）穿层钻孔预抽煤巷条带煤层瓦斯区域防突措施的钻孔，应当控制整条煤层巷道及其两侧一定范围内的煤层，该范围要求与本条（一）的规定相同。

（四）穿层钻孔预抽井巷（含石门、立井、斜井、平硐）揭煤区域煤层瓦斯区域防突措施的钻孔，应当在揭煤工作面距煤层最小法向距离 7m 以前实施，并控制井巷及其外侧至少以下范围的煤层：揭煤处巷道轮廓线外 12m（急倾斜煤层底部或者下帮 6m），且应当保证控制范围的外边缘到巷道轮廓线（包括预计前方揭煤段巷道的轮廓线）的最小距离不小于5m。当区域防突措施难以一次施工完成时可以分段实施，但每一段都应当能够保证揭煤工作面到巷道前方至少20m之间的煤层内，区域防突措施控制范围符合上述要求。

（五）顺层钻孔预抽煤巷条带煤层瓦斯区域防突措施的钻孔，应当控制煤巷条带前方长度不小于60m，采用非定向无轨迹测定钻进工艺时不得超过120m，煤巷两侧控制范围要求与本条（一）的规定相同。钻孔预抽煤层瓦斯的有效抽采时间不得少于20天，如果在钻孔施工过程中发现有喷孔、顶钻或者卡钻等动力现象的，有效抽采时间不得少于60天。

（六）定向长钻孔预抽煤巷条带煤层瓦斯区域防突措施的钻孔，应当采用定向钻进工艺施工，控制煤巷条带煤层前方长度不小于300m和煤巷两侧轮廓线外一定范围，该范围要求与本条（一）的规定相同。

（七）厚煤层分层开采时，预抽钻孔应当控制开采分层及其上部法向距离至少20m、下部至少10m范围内的煤层。

（八）应当采取保证预抽瓦斯钻孔能够按照设计参数控制整个预抽区域的措施。

（九）当煤巷掘进和采煤工作面在预抽防突效果有效的区域内作业时，工作面距前方未预抽或者预抽防突效果无效范围的边界不得小于20m。

第二百二十九条　有下列情形之一的突出煤层，不得将在本巷道施工顺层钻孔预抽煤巷条带瓦斯作为区域防突措施：

（一）新建矿井的突出煤层。

（二）历史上发生过突出强度大于500 t/次的。

（三）开采范围内煤层坚固性系数小于0.3的；或者煤层坚固性系数为0.3~0.5，且埋深大于500m的；或者煤层坚固性系数为0.5~0.8，且埋深大于600m的；或者煤层埋深大于700m

的；或者煤巷条带位于开采应力集中区的。

第二百三十条 保护层的开采厚度不大于0.5m、上保护层与突出煤层间距大于50m或者下保护层与突出煤层间距大于80m时，必须对每个被保护层工作面的保护效果进行检验。

采用预抽煤层瓦斯防突措施的区域，必须对区域防突措施效果进行检验。

检验无效时，仍为突出危险区。检验有效时，无突出危险区的采掘工作面每推进10~50m至少进行2次区域验证，并保留完整的工程设计、施工和效果检验的原始资料。

第三节 局部综合防突措施

第二百三十一条 突出煤层采掘工作面经工作面预测后划分为突出危险工作面和无突出危险工作面。

未进行突出预测的采掘工作面视为突出危险工作面。

对突出危险工作面，必须实施工作面防突

措施和工作面防突措施效果检验。只有经效果检验有效后，方可进行采掘作业。

第二百三十二条　井巷揭煤工作面的防突措施包括预抽煤层瓦斯、排放瓦斯钻孔、金属骨架、煤体固化、水力冲孔或者其他经试验证明有效的措施。

第二百三十三条　井巷揭穿（开）突出煤层必须遵守下列规定：

（一）在工作面距煤层法向距离 10m（地质构造复杂、岩石破碎的区域 20m）之外，至少施工 2 个前探钻孔，掌握煤层赋存条件、地质构造、瓦斯情况等。

（二）从工作面距煤层法向距离大于 5m 处开始，直至揭穿煤层全过程都应当采取局部综合防突措施。

（三）揭煤工作面距煤层法向距离 2m 至进入顶（底）板 2m 的范围，均应当采用远距离爆破掘进工艺。

（四）厚度小于 0.3m 的突出煤层，在满足（一）的条件下可以直接采用远距离爆破掘进工艺揭穿。

（五）禁止使用振动爆破揭穿突出煤层。

第二百三十四条 煤巷掘进工作面应当选用超前钻孔预抽瓦斯、超前钻孔排放瓦斯的防突措施或者其他经试验证实有效的防突措施。

第二百三十五条 采煤工作面应当选用超前钻孔预抽瓦斯、超前钻孔排放瓦斯、注水湿润煤体、松动爆破或者其他经试验证实有效的防突措施。

第二百三十六条 突出煤层的采掘工作面，应当根据煤层实际情况选用防突措施，并遵守下列规定：

（一）不得选用水力冲孔、水力挤出（挤压）措施，倾角在8°以上的上山掘进工作面不得选用松动爆破、水力疏松措施。

（二）突出煤层煤巷掘进工作面前方遇到落差超过煤层厚度的断层，应当按照井巷揭煤的措施执行。

（三）采煤工作面采用超前钻孔预抽瓦斯和超前钻孔排放瓦斯作为工作面防突措施时，超前钻孔的孔数、孔底间距等应当根据钻孔的有效抽排半径确定。

（四）松动爆破时，应当按照远距离爆破的要求执行。

第二百三十七条　工作面执行防突措施后，必须对防突措施效果进行检验。如果工作面措施效果检验结果均小于指标临界值，且未发现其他异常情况，则措施有效；否则必须重新执行区域综合防突措施或者局部综合防突措施。

第二百三十八条　在煤巷掘进工作面第一次执行局部防突措施或者无措施超前距时，必须采取小直径钻孔排放瓦斯等防突措施，只有在工作面前方形成 5m 以上的安全屏障后，方可进入正常防突措施循环。

第二百三十九条　井巷揭穿突出煤层和在突出煤层中进行采掘作业时，必须采取避难硐室、反向风门、压风自救装置、隔绝式自救器、远距离爆破等安全防护措施。

第二百四十条 突出煤层的石门揭煤、煤巷和半煤岩巷掘进工作面进风侧必须设置至少2道反向风门，反向风门必须关闭。反向风门距工作面的距离，应当根据掘进工作面的通风系统和预计的突出强度确定。

第二百四十一条 井巷揭煤采用远距离爆破时，必须明确起爆地点、避灾路线、警戒范围，制定停电撤人等措施。

井筒起爆及撤人地点必须位于地面距井口边缘20m以外，暗立（斜）井及石门揭煤起爆及撤人地点必须位于反向风门外且距工作面500m以上全风压通风的新鲜风流中或者距工作面300m以外的避难硐室内。

煤巷掘进工作面采用远距离爆破时，起爆地点必须设在进风侧反向风门之外的全风压通风的新鲜风流中或者避险设施内，起爆地点距工作面的距离必须在措施中明确规定。

远距离爆破时，回风系统必须停电撤人。

爆破后，进入工作面检查的时间应当在措施中明确规定，但不得小于30min。

第二百四十二条 突出煤层采掘工作面附近、爆破撤离人员集中地点、起爆地点必须设有直通矿调度室的电话，并设置有供给压缩空气的避险设施或者压风自救装置。工作面回风系统中有人作业的地点，也应当设置压风自救装置。

第二百四十三条 清理突出的煤（岩）时，必须制定防煤尘、片帮、冒顶、瓦斯超限、出现火源，以及防止再次发生突出事故的安全措施。

第七章 防 灭 火

第一节 一般规定

第二百四十四条 煤矿必须制定井上、下防火措施。煤矿的联合建筑、井口房、通风机房、变电所、提升机房、地面泵房、充电站、冻结站等地面建（构）筑物及煤堆、矸石山、木料场等必须符合消防法律、法规和国家标准或者行业标准。

第二百四十五条 煤矿应当严格执行动火作业票制度。动火作业必须由矿领导现场指挥，并指定专人在场检查和监督。

井下和井口房内不得进行电焊、气焊和喷灯焊接等作业。如果必须在井下主要硐室、采（盘）区进风巷、总进风巷和井口房内进行电焊、气焊和喷灯焊接等工作，每次必须制定安全措施，经矿长批准并遵守下列规定：

（一）电焊、气焊和喷灯焊接等工作地点的前后两端各 10m 的井巷范围内，应当是不燃性材料支护，并有供水管路，有专人负责喷水，焊接前应当清理或者隔离焊碴飞溅区域内的可燃物。上述工作地点应当至少备有 2 个灭火器。

（二）在井口房、井筒和倾斜巷道内进行电焊、气焊和喷灯焊接等工作时，必须在工作地点的下方用不燃性材料设施接受火星。

（三）电焊、气焊和喷灯焊接等工作地点的风流中，甲烷浓度不得超过0.5%，只有在检查证明作业地点附近20m范围内巷道顶部和支护背板后无瓦斯积存时，方可进行作业。

（四）电焊、气焊和喷灯焊接等作业完毕后，作业地点及其附近区域应当再次用水喷洒，并有专人在作业地点检查不少于1h，发现异常，立即处理。

（五）突出矿井井下进行电焊、气焊和喷灯焊接时，必须停止突出煤层的掘进、回采、钻孔、支护以及其他所有扰动突出煤层的作业。

（六）煤层中未采用砌碹或者喷浆封闭的主要硐室、采（盘）区进风巷或者总进风大巷中，不得进行电焊、气焊和喷灯焊接等工作。

（七）动火作业应当在视频监视、增设不燃材料围挡的条件下进行。

第二百四十六条 井上、下必须设置消防材料库，并符合下列要求：

（一）井上消防材料库应当设在井口附近，但不得设在井口房内。

（二）井下消防材料库应当设在每一个生产水平的井底车场或者主要运输大巷中，并装备消防车辆。

（三）消防材料库储存的消防材料和工具的品种和数量应当符合有关要求，并定期检查和更换；消防材料和工具不得挪作他用。

第二百四十七条 矿井必须设地面消防水池和井下消防管路系统。井下消防管路系统应当敷设到采掘工作面，带式输送机巷道中每50m内、其他巷道中每100m内应当设置支管和阀门，并在带式输送机巷道两端存放消防软管。地面的消防水池必须经常保持不少于200m^{3}的水量，且具备火灾条件下连续补水的能力。消防用水同生产、生活用水共用同一水池时，应当有确保消防用水的措施。

开采下部水平的矿井，除地面消防水池外，可以利用上部水平或者生产水平的水仓作为消防水池。

第二百四十八条　每月应当对地面消防水池、井上下消防管路系统、防火门、消防材料库、消防设施器材的设置、维护和管理情况进行不少于1次检查，发现问题，及时解决。

第二百四十九条　发生火灾时，应当立即启动灭火和应急疏散预案，及时报警，迅速扑救火灾，及时疏散人员。

第二百五十条　井筒与各水平的连接处及井底车场，主要绞车道与主要运输巷、回风巷的连接处，井下机电设备硐室，主要巷道内带式输送机机头前后两端各20m范围内，都必须用不燃性材料支护。

在井下和井口房，严禁采用可燃性材料搭设临时操作间、休息间。

第二百五十一条　井下使用的汽油、煤油必须装入盖严的铁桶内，由专人押运送至使用地点。井下剩余的汽油、煤油必须专人押运回地面，严禁在井下存放。

井下使用柴油动力装置，如确需在井下贮存柴油的，必须设有独立通风的专用贮存硐室，最大贮存量不得超过 3 天用量，并制定安全措施。

井下使用的润滑油、棉纱、布头和纸等，必须存放在盖严的铁桶内。用过的棉纱、布头和纸，也必须放在盖严的铁桶内，并由专人定期送到地面处理，不得乱放乱扔。严禁井下泼洒剩油、废油。

第二百五十二条 井下爆炸物品库、充电硐室、机电设备硐室、检修硐室、材料库、井底车场、使用带式输送机或者液力偶合器的巷道以及采掘工作面附近的巷道中，必须备有灭火器材，其数量、规格和存放地点，应当在灾害预防和处理计划中确定。

井下工作人员必须熟悉灭火器材的使用方法，并熟悉本职工作区域内灭火器材的存放地点。

井下爆炸物品库、充电硐室、机电设备硐室、检修硐室、材料库的支护和风门、风窗必须采用不燃性材料。

第二百五十三条 装有带式输送机的运输巷作为进风巷时，必须制定专项安全技术措施，并遵守下列规定：

（一）带式输送机的机头和机尾滚筒下风侧10~20m范围内应当监测烟雾和一氧化碳等参数，每延长1000m至少增设一处监测点，必须实现带式输送机火灾监测预警功能。

（二）必须加强巷道维护和带式输送机运行管理，防止带式输送机设备因巷道变形、托辊等部件故障引发火灾。

第二百五十四条 矿井防灭火使用的凝胶、阻化剂及进行充填、堵漏、加固用的高分子材料，应当对其安全性和环保性进行评估，并制定安全监测制度和防范措施。使用时，井巷空气成分必须符合本规程第一百五十六条要求。

第二节 井上火灾防治

第二百五十五条 矿井的永久井架、井口房、新建的井口联合建筑耐火等级不应低于二级，必须采用燃烧性能达到 A 级的不燃性材料建造和装修装饰。集体宿舍、设有明火作业厨房的食堂等不得设在联合建筑内。

对现有矿井采用可燃性材料建造或者装修装饰的井口联合建筑，必须制定防止烟火入井的防火措施。

第二百五十六条 木料场、矸石山等堆放场距离进风井口不得小于 80m。木料场距离矸石山不得小于 50m。

不得将矸石山设在进风井的主导风向上风侧、表土层 10m 以浅有煤层的地面和漏风采空区上方的塌陷范围内。

第二百五十七条 井口房和通风机房附近 20m 内，不得有烟火或者用火炉取暖。通风机房位于工业广场以外时，除开采有瓦斯喷出的矿井和突出矿井外，可用隔焰式火炉或者防爆式电热器取暖。

暖风道和压入式通风的风硐必须用不燃性

材料砌筑，并至少装设 2 道防火门。

第二百五十八条　进风井口应当装设防火铁门，防火铁门必须严密并易于关闭，打开时不妨碍提升、运输和人员通行，并定期维修；如果不设防火铁门，必须有防止烟火进入矿井的安全措施。

罐笼提升立井井口还应当采取以下措施：

（一）井口操车系统基础下部的负层空间应当与井筒隔离，并设置消防设施。

（二）操车系统液压管路应当采用金属管或者阻燃高压非金属管，传动介质使用难燃液，液压站不得安装在封闭空间内。

（三）井筒及负层空间的动力电缆、信号电缆和控制电缆应当采用煤矿用阻燃电缆，并与操车系统液压管路分开布置。

（四）操车系统机坑及井口负层空间内应当及时清理漏油，每天检查清理情况，不得留存杂物和易燃物。

第二百五十九条　矿灯房应当符合下列要求：

（一）用不燃性材料建筑。

（二）取暖用蒸汽或者热水管式设备，禁止采用明火取暖。

（三）有良好的通风装置，灯房和仓库内严禁烟火，并备有灭火器材。

（四）有与矿灯匹配的充电装置。

第二百六十条　煤矿的联合建筑、井口房及浴室等不得擅自改变原有设计使用功能。

更衣室设置更衣吊篮的，吊篮的材质、布置方式、使用管理、维护保养等应当遵守相关国家标准或者行业标准。

第二百六十一条　自救器的存放、使用、管理、维护保养等应当遵守相关国家标准或者行业标准。

第三节　井下火灾防治

第二百六十二条　煤的自燃倾向性分为容易自燃、自燃、不易自燃3类。

新设计矿井应当将平均厚度为 0.3m 以上

煤层的自燃倾向性鉴定结果报省级煤矿安全监管部门、煤炭行业管理部门和驻地矿山安全监察机构。

生产矿井延深新水平时，必须对新揭露平均厚度为 0.3m 以上煤层的自燃倾向性进行鉴定。

开采容易自燃和自燃煤层的矿井，以及开采不易自燃煤层出现自然发火预兆的矿井，必须编制矿井防灭火专项设计，采取预防煤层自然发火的措施。

第二百六十三条　开采容易自燃和自燃煤层时，必须开展自然发火监测工作，建立自然发火监测系统，由煤矿企业技术负责人组织确定煤层自然发火标志气体及临界值，健全自然发火预测预报及管理制度。

第二百六十四条　对开采容易自燃和自燃的单一厚煤层或者煤层群的矿井，集中运输大巷和总回风巷应当布置在岩层内或者不易自燃的煤层内；布置在容易自燃和自燃的煤层内时，必须锚喷或者砌碹，碹后的空隙和冒落处必须用不燃性材料充填密实，或者用无腐蚀性、无毒性的材料进行处理。

第二百六十五条　开采容易自燃和自燃煤层时，采煤工作面必须采用后退式开采，并根据采取防火措施后的煤层自然发火期确定采煤工作面开采期限。在地质构造复杂、断层带、残留煤柱、始采线、终采线等区域开采时，应当根据矿井地质和开采技术条件，在作业规程中另行确定采煤工作面开采方式和开采期限，并制定专项防火措施。回采过程中不得任意留设设计外煤柱和顶煤。采煤工作面采到终采线时，必须采取措施使顶板冒落严实。

第二百六十六条　开采容易自燃和自燃的急倾斜煤层用垮落法管理顶板时，在主石门和采区运输石门上方，必须留有煤柱。留在采区运输石门上方的煤柱，在采区结束后可以回收，但必须采取防止自然发火措施。

第二百六十七条　开采容易自燃和自燃煤

层时，必须制定防治采空区（特别是工作面始采线、终采线、进回风巷煤柱线和三角点）、巷道高冒区、煤柱破坏区自然发火的技术措施。

当井下发现自然发火征兆时，必须停止作业，立即采取有效措施处理。在发火征兆不能得到有效控制时，必须撤出人员，封闭危险区域。进行封闭施工作业时，无关人员和其他区域所有人员必须全部撤出。

第二百六十八条 采用灌浆防灭火时，应当遵守下列规定：

（一）采（盘）区设计应当明确规定巷道布置方式、隔离煤柱尺寸、灌浆系统、疏水系统、预筑防火墙的位置以及采掘顺序。

（二）安排生产计划时，应当同时安排防火灌浆计划，落实灌浆地点、时间、进度、灌浆浓度和灌浆量。

（三）对工作面始采线、终采线、进回风巷煤柱线内的采空区，应当加强防火灌浆。

（四）应当有灌浆前疏水和灌浆后防止溃

浆、透水的措施。

第二百六十九条 在灌浆区下部进行采掘前，必须查明灌浆区内的浆水积存情况。发现积存浆水，必须在采掘之前放出；在未放出前，严禁在灌浆区下部进行采掘作业。

第二百七十条 采用阻化剂防灭火时，应当遵守下列规定：

（一）选用的阻化剂材料不得污染井下空气和危害人体健康。

（二）必须在设计中对阻化剂的种类和数量、阻化效果等主要参数作出明确规定。

（三）应当采取防止阻化剂腐蚀机械设备、支架等金属构件的措施。

第二百七十一条 采用凝胶防灭火时，编制的设计中应当明确规定凝胶的配方、促凝时间和压注量等参数。压注的凝胶必须充填满全部空间，其外表面应当喷浆封闭，并定期观测，发现老化、干裂时重新压注。

第二百七十二条 采用均压技术防灭火

时，应当遵守下列规定：

（一）有完整的区域风压和风阻资料以及完善的检测手段。

（二）有专人定期观测与分析采空区和火区的漏风量、漏风方向、空气温度、防火墙内外空气压差等状况，并记录在专用的防火记录簿内。

（三）改变矿井通风方式、主要通风机工况以及井下通风系统时，对均压地点的均压状况必须及时进行调整，保证均压状态的稳定。

（四）经常检查均压区域内的巷道中风流流动状态，并有防止瓦斯积聚的安全措施。

第二百七十三条　采用氮气、二氧化碳防灭火时，应当制定专项措施，并遵守下列规定：

（一）氮气、二氧化碳来源稳定可靠。

（二）注入的氮气浓度不小于97%，二氧化碳浓度不小于99%，并明确组成成分。

（三）至少有1套专用的氮气或者二氧化碳输送管路系统及其附属安全设施；采用直接灌注液氮和液态二氧化碳时，输送管路系统必须符合耐低温、耐压等要求。

（四）有能连续监测采空区气体成分变化的监测系统。

（五）有固定或者移动的温度观测站（点）和监测手段。

（六）有专人定期进行检测、分析和整理有关记录、发现问题及时报告处理等规章制度。

第二百七十四条 采用全部充填采煤法时，严禁采用可燃物作充填材料。

第二百七十五条 开采容易自燃和自燃煤层时，在采（盘）区开采设计中，必须预先选定构筑防火门的位置。当采煤工作面通风系统形成后，必须按照设计构筑防火门墙，并储备足够数量的封闭防火门的材料或者成型的封闭式防火门。

第二百七十六条 矿井必须制定防止采空区自然发火的封闭及管理专项措施。采煤工作面回采结束后，必须在45天内进行永久性封闭，每周至少1次抽取封闭采空区内气样进行分析，并建立台账。

开采自燃和容易自燃煤层，应当及时构筑各类密闭并保证质量。

与封闭采空区连通的各类废弃钻孔必须永久封闭。

构筑、维修采空区密闭时必须编制设计和制定专项安全措施。

对发生过自燃火灾的采空区进行封闭时，如果不能确定采空区内火灾已熄灭，按照火区封闭管理。

采空区疏放水前，应当对采空区自然发火的风险进行评估；采空区疏放水时，应当加强对采空区自然发火危险的监测与防控；采空区疏放水后，应当及时关闭疏水闸阀、采用自动放水装置或者永久封堵，防止通过放水管漏风。

第二百七十七条 任何人发现井下火灾时，视火灾性质、灾区通风和瓦斯情况，尽可能直接灭火或者控制火势，并迅速报告矿调度室。矿调度室在接到井下火灾报告后，应当立即按照灾害预防和处理计划通知有关人员组织抢救灾区人员和实施灭火工作。

矿值班调度和在现场的区、队、班组长应当依照灾害预防和处理计划的规定,将所有可能受火灾威胁区域中的人员撤离,并组织人员灭火。电气设备着火时,应当首先切断其电源;在切断电源前灭火,必须使用不导电的灭火器材进行灭火。

抢救人员和灭火过程中,必须指定专人检查甲烷、一氧化碳、煤尘、其他有害气体浓度和风向、风量的变化,并采取防止瓦斯、煤尘爆炸和人员中毒的安全措施。

第二百七十八条 封闭火区时,应当合理确定封闭范围,必须检测甲烷、氧气、一氧化碳、二氧化碳、乙烯、乙炔、煤尘浓度和风向、风量的变化,并采取防止瓦斯、煤尘爆炸和人员窒息、中毒的安全措施。

封闭有爆炸性危险火区时,应当遵守下列规定:

（一）优先采用地面钻孔注浆封闭或者井下远距离控制设备封闭的措施。

（二）严禁在火区的采煤工作面进回风巷内封闭，封闭地点应当选择在距离火区位置较远的巷道。

（三）封闭火区前，封闭所需要的设备设施材料提前准备到位，撤出全部与封闭施工无关的人员。

（四）封闭火区时，首先建造临时密闭，撤出人员，远距离监测风向、风量、烟雾和气体组分等参数，稳定24h以上并确认无爆炸危险后，再施工隔爆墙，最后施工永久密闭。

（五）火区封闭后，只有在采取惰化火区等措施，稳定48h以上，经评估无爆炸危险后，方可恢复井下不受火区影响区域的作业。

火区密闭被爆炸破坏的，只有确认不再发生爆炸的前提下才能远距离探查。经探查确定合理的火区封闭区域，并按照上述规定进行火区封闭。

第四节　井下火区管理

第二百七十九条　煤矿必须绘制火区位置关系图，注明所有火区和曾经发火的地点。每一处火区都要按照形成的先后顺序进行编号，并建立火区管理卡片。火区位置关系图和火区管理卡片必须永久保存。

第二百八十条　煤矿企业必须制定采空区永久密闭墙设计施工标准。每道永久密闭墙必须有专门设计，经矿领导组织验收，并遵守下列规定：

（一）密闭墙的位置选择在围岩稳定、无破碎带、无裂隙和巷道断面较小的地点，密闭前后5m内必须支护牢固。

（二）拆除或者断开密闭墙处的管路、金属网、线缆和轨道等。

（三）密闭墙要严格按照要求留设观测孔、措施孔和放水孔。

（四）密闭墙采用掏槽结构或者锚杆注浆

结构，墙体结构稳定严密、材料经久耐用，墙基与巷壁必须紧密结合、连成一体。

（五）验收时需进行现场检查和测试，确保密闭墙的各项指标符合要求。

第二百八十一条　永久密闭墙的管理应当遵守下列规定：

（一）每个密闭墙附近必须设置栅栏、警标，禁止人员入内，并悬挂说明牌。

（二）定期测定和分析密闭墙内的甲烷、氧气、一氧化碳、二氧化碳、乙烯、乙炔气体浓度和空气温度。具体频次由煤矿企业技术负责人确定。

（三）定期检查密闭墙外的空气温度、瓦斯浓度，密闭墙内外空气压差以及密闭墙墙体。发现封闭不严、有其他缺陷或者火区有异常变化时，必须采取措施及时处理。

（四）所有测定和检查结果，必须记入台账。

（五）矿井和采（盘）区做大幅度风量调整时，应当测定密闭墙内的气体成分和空气温度。

（六）井下所有永久性密闭墙都应当编号，并在火区位置关系图中注明。

第二百八十二条 井下永久密闭墙启封时，应当制定专项安全技术措施，经煤矿总工程师批准后实施，并遵守下列规定：

（一）必须按照《矿山救援规程》由矿山救护队（矿山救援队，下同）实施。

（二）启封前应当对密闭墙内外的甲烷、一氧化碳、二氧化碳、氧气等气体浓度和压差、水温、空气温度进行监测，经确认无爆炸危险后，方可实施启封作业。

（三）启封地点应当保持正常通风，密闭墙外巷道20m范围内顶帮支护完好，气体浓度符合本规程第一百五十六条规定。

（四）启封应当使用安全无火花型工具作业，先形成密闭墙内外连通的通风口，严禁全断面一次性破拆密闭墙。

（五）启封过程应当连续监测气体浓度，当有害气体浓度超限时，立即采取措施进行处理。

(六) 启封后对密闭墙附近 (5m 范围内) 气体浓度进行检测, 排放瓦斯。

第二百八十三条 封闭的火区, 只有经取样化验证实火已熄灭后, 方可启封或者注销。

火区同时具备下列条件时, 方可认为火已熄灭:

(一) 火区内的空气温度下降到30℃以下, 或者与火灾发生前该区的日常空气温度相同。

(二) 火区内空气中的氧气浓度降到5.0%以下。

(三) 火区内空气中不含有乙烯、乙炔, 一氧化碳浓度在封闭期间内逐渐下降, 并稳定在0.001%以下。

(四) 火区的出水温度低于25℃, 或者与火灾发生前该区的日常出水温度相同。

(五) 上述4项指标持续稳定1个月以上。

第二百八十四条 启封已熄灭的火区前, 必须制定安全措施。

启封火区时，应当逐段恢复通风，同时测定回风流中的一氧化碳、甲烷浓度和风流温度。发现复燃征兆时，必须立即停止向火区送风，并重新封闭火区。

启封火区和恢复火区初期通风等工作，必须由矿山救护队负责进行，火区回风风流所经过巷道中的人员必须全部撤出。

在启封火区工作完毕后的3天内，每班必须由矿山救护队检查通风工作，并测定水温、空气温度和空气成分。只有在确认火区完全熄灭、通风等情况良好后，方可进行生产工作。

第二百八十五条 不得在火区的同一煤层的周围进行采掘工作。

在同一煤层同一水平的火区两侧、煤层倾角小于35°的火区下部区段、火区下方邻近煤层进行采掘时，必须编制设计，并遵守下列规定：

（一）必须留有足够宽（厚）度的隔离火区煤（岩）柱，回采时及回采后能有效隔离火区，不影响火区的灭火工作。

（二）掘进巷道时，必须有防止误冒、误透火区的安全措施。

煤层倾角在35°以上的火区下部区段严禁进行采掘工作。

第八章 防 治 水

第一节 一 般 规 定

第二百八十六条 煤矿防治水工作应当坚持"预测预报、有疑必探、先探后掘、先治后采"基本原则，根据不同水文地质条件，采取"探、防、堵、疏、排、截、监"等综合防治措施。

第二百八十七条 煤矿企业、煤矿应当建立健全各项防治水制度，配备满足工作需要的防治水专业技术人员，配齐专用探放水设备，建立专业的探放水作业队伍，储备必要的水害抢险救灾设备和物资。

水文地质类型复杂、极复杂的煤矿，应当设立专门的防治水机构，至少配备3名具备煤矿相关专业中专以上学历的专业技术人员；新任职的地测防治水副总工程师、防治水机构负责人应当具备煤矿相关专业大专以上学历，具有5年以上煤矿地测防治水相关工作经历。

第二百八十八条　煤矿应当编制本单位防治水中长期规划和年度计划，并组织实施。

矿井水文地质类型应当每3年修订1次。发生较大以上水害事故或者因突水造成采掘区域或者矿井被淹的，煤矿应当在恢复生产前重新确定矿井水文地质类型。

水文地质类型复杂、极复杂矿井应当每月至少开展1次水害隐患排查，其他矿井应当每季度至少开展1次。

第二百八十九条　当矿井水文地质条件尚未查清时，应当进行水文地质补充勘探工作。

第二百九十条　矿井应当建立水害风险监测预警系统，对主要含水层水位、水温及矿区降水量等进行动态观测，分水平、分煤层、分采区设置涌水量观测站，建立涌水量观测成果等防治水基础台账，推广应用涌水量远程监测技术，并开展水害风险监测预警工作。

第二百九十一条 矿井应当编制下列防治水图件，并至少每半年修订1次：

（一）矿井充水性图。

（二）矿井涌水量与相关因素动态曲线图。

（三）矿井综合水文地质图。

（四）矿井综合水文地质柱状图。

（五）矿井水文地质剖面图。

第二百九十二条 采掘工作面或者其他地点发现有煤层变湿、挂红、挂汗、空气变冷、出现雾气、水叫、顶板来压、片帮、淋水加大、底板鼓起或者裂隙渗水、钻孔喷水、煤壁溃水、水色发浑、有臭味等透水征兆时，应当立即停止作业，撤出所有受水患威胁地点的人员，报告矿调度室，并发出警报。在原因未查清、隐患未排除之前，不得进行任何采掘活动。

第二节 地面防治水

第二百九十三条 煤矿每年雨季前必须对防治水工作进行全面检查。受雨季降水威胁的矿井,应当制定雨季防治水措施,建立雨季巡视制度并组织抢险队伍,储备足够的防洪抢险物资。

煤矿应当建立暴雨、洪水可能引发淹井等事故灾害紧急情况下及时撤出井下人员的制度,明确启动标准、指挥部门、联络人员、撤人程序和撤退路线等。当暴雨、洪水威胁矿井安全时,必须立即停产撤出井下全部人员,只有在确认暴雨、洪水隐患消除后方可恢复生产。

第二百九十四条 煤矿应当查清井田及周边地面水系和有关水利工程的汇水、疏水、渗漏情况;了解当地水库、水电站大坝、江河大堤、河道、河道中障碍物等情况;掌握当地历年降水量和最高洪水位资料,建立疏水、防水和排水系统。

煤矿应当建立灾害性天气预警和预防机制,加强与周边相邻矿井的信息沟通,发现矿井水害可能影响相邻矿井时,立即向周边相邻矿井发出预警。

第二百九十五条　矿井井口和工业场地内建筑物的地面标高必须高于当地历年最高洪水位;在山区还必须避开可能发生泥石流、滑坡等地质灾害危险的地段。

矿井井口及工业场地内主要建筑物的地面标高低于当地历年最高洪水位的,应当修筑堤坝、沟渠或者采取其他可靠防御洪水的措施。不能采取可靠安全措施的,应当封闭填实该井口。

第二百九十六条　当矿井井口附近或者开采塌陷波及区域的地表有水体或者积水时,必须采取安全防范措施,并遵守下列规定:

(一)当地表出现威胁矿井生产安全的积水区时,应当修筑泄水沟渠或者排水设施,防止积水渗入井下。

（二）当矿井受到河流、山洪威胁时，应当修筑堤坝和泄洪渠，防止洪水侵入。

（三）对于排到地面的矿井水，应当妥善疏导，避免渗入井下。

（四）对于漏水的沟渠和河床，应当及时堵漏或者改道；地面裂缝和塌陷地点应当及时填塞，填塞工作必须有安全措施。

第二百九十七条 降大到暴雨时和降雨后，应当有专业人员观测地面积水与洪水情况、井下涌水量等有关水文变化情况和井田范围及附近地面有无裂缝、采空塌陷、井上下连通的钻孔和岩溶塌陷等现象，及时向矿调度室及有关负责人报告，并将上述情况记录在案，存档备查。

情况危急时，矿调度室及有关负责人应当立即组织井下撤人。

第二百九十八条 当矿井井口附近或者开采塌陷波及区域的地表出现滑坡或者泥石流等地质灾害威胁煤矿安全时，应当及时撤出受威胁区域的人员,并采取防治措施。

第二百九十九条 严禁将矸石、杂物、垃圾堆放在山洪、河流可能冲刷到的地段,防止淤塞河道和沟渠等。

发现与矿井防治水有关系的河道中存在障碍物或者堤坝破损时,应当及时报告当地人民政府,清理障碍物或者修复堤坝,防止地表水进入井下。

开采浅埋深煤层或者急倾斜煤层的矿井,必须编制防止季节性地表积水或者洪水溃入井下的专项措施,并由煤矿企业主要负责人审批。

第三百条 使用中的钻孔,应当安装孔口盖。报废的钻孔应当及时封孔,并将封孔资料和实施负责人的情况记录在案,存档备查。

第三节 井下防治水

第三百零一条 相邻矿井的分界处,应当留防隔水煤(岩)柱;矿井以断层分界的,应当在断层两侧留有防隔水煤(岩)柱。矿井防隔水煤（岩）柱一经确定，不得随意变动，并通报相邻矿井。

严禁在设计确定的各类防隔水煤（岩）柱中进行采掘活动，经重新论证、设计、审批后更改或者取消的除外。通过补充勘探、采掘及治理工程等查明地质、水文地质条件发生了变化，需要更改或者取消防隔水煤（岩）柱的，或者需在防隔水煤（岩）柱中施工监测、检测、卸压等钻孔及巷道工程的，应当进行可行性论证并重新设计，由煤矿企业技术负责人审批。

第三百零二条 在采掘工程平面图和矿井充水性图上必须标绘出井巷出水点的位置及其涌水量、积水的井巷及采空区范围、底板标高、积水量、地表水体和水患异常区等。在水淹区域应当标出积水线、探水线和警戒线的位置。

第三百零三条 受水淹区积水威胁的区域，必须在排除积水、消除威胁后方可进行采掘作业；如果无法排除积水，开采倾斜、缓倾斜煤层的，必须按照《建筑物、水体、铁路及主要井巷煤柱留设与压煤开采规范》中有关水体下开采的规定，编制专项开采设计，由煤矿企业主要负责人审批后，方可进行开采。

严禁开采地表水体、强含水层、采空区水淹区域下且水患威胁未消除的急倾斜煤层。

第三百零四条 在未固结的灌浆区、有淤泥的废弃井巷、岩石洞穴附近采掘时，应当制定专项安全技术措施。

第三百零五条 开采水淹区域下的废弃防隔水煤柱，应当彻底疏干上部积水，进行安全性论证，确保无溃浆（砂）威胁。严禁顶水作业。

第三百零六条 井田内有与河流、湖泊、充水溶洞、强或者极强含水层等存在水力联系的导水断层、裂隙（带）、陷落柱和封闭不良钻孔等通道时，应当查明其确切位置，并采取留设防隔水煤（岩）柱等防治水措施。

第三百零七条 开采受离层水威胁的采煤工作面，应当分析探查工作面覆岩结构、离层发育层位、上覆含水层富水性等情况，预测离层水分布范围和积水量，评价本工作面与相邻的工作面离层积水的危害性，在回采过程中，对煤层顶板聚集的高位离层水采用地面钻孔抽排或者下泄等措施进行治理，低位离层水采用井下钻孔疏放等措施进行治理。

第三百零八条 煤层顶板存在富水性中等以上含水层或者其他水体威胁时，应当实测垮落带、导水裂隙带发育高度，进行专项设计，确定防隔水煤（岩）柱尺寸。当导水裂隙带范围内的含水层或者老空积水等水体影响采掘安全时，应当超前进行钻探疏放或者注浆改造含水层，待疏放水完毕或者注浆改造等工程结束、消除突水威胁后，方可进行采掘活动。

第三百零九条 开采底板有承压含水层的煤层，隔水层能够承受的水头值应当大于实际水头值；当承压含水层与开采煤层之间的隔水层能够承受的水头值小于实际水头值时，应当采取地面超前区域治理、井下注浆加固底板、疏水降压、充填开采等措施，并进行治理效果检验，制定专项安全技术措施，由煤矿企业技术负责人审批。

地面超前区域治理工程结束并经煤矿企业技术负责人组织验收合格后，区域治理水平孔以上与上覆隔水层底板相接触的浆液扩散距离范围内的岩层厚度可以计入隔水层厚度，按照突水系数不大于 0.1MPa/m 进行安全论证；掘进前应当采用物探方法进行效果检验，没有异常的可以正常掘进，发现异常的应当采用钻探验证并治理达标；回采前应当同时采用物探、钻探方法进行治理效果验证。

第三百一十条　矿井建设和延深中，当开拓到设计水平时，必须在建成防、排水系统后方可开拓掘进。

第三百一十一条　煤层顶、底板分布有强岩溶承压含水层时，主要运输巷、轨道巷和回风巷应当布置在不受水害威胁的层位中，并以石门分区隔离开采。对已经不具备石门隔离开采条件的应当制定防突水安全技术措施，并由煤矿总工程师审批。

第三百一十二条　水文地质类型复杂、极复杂或者有突水淹井危险的生产矿井，应当在井底车场周围设置防水闸门或者在正常排水系统基础上另外安设由地面直接供电控制，且排水能力不小于最大涌水量的潜水泵，潜水泵可以与正常排水系统共用排水管路，但必须安装地面远程控制阀门，实现管路间的快速切换；水文地质类型复杂、极复杂或者有突水淹井危险的新建矿井，必须在正常排水系统基础上另外安设潜水泵排水系统，排水管路应当单独设置，或者经安全论证后全部安设潜水泵，实现正常排水与潜水泵排水系统一体化。在其他有突水危险的采掘区域，应当在其附近设置防水闸门；不具备设置防水闸门条件的，应当制定防突（透）水措施，由煤矿企业技术负责人审批。

防水闸门应当符合下列要求：

（一）防水闸门必须采用定型设计。

（二）防水闸门的施工及其质量，必须符

合设计。闸门和闸门硐室不得漏水。

（三）防水闸门硐室前、后两端，应当分别砌筑不小于5m的混凝土护硐，硐后用混凝土填实，不得空帮、空顶。防水闸门硐室和护硐必须采用高标号水泥进行注浆加固，注浆压力应当符合设计。

（四）防水闸门来水一侧15~25m处，应当加设1道挡物箅子门。防水闸门与箅子门之间，不得停放车辆或者堆放杂物。来水时先关箅子门，后关防水闸门。如果采用双向防水闸门，应当在两侧各设1道箅子门。

（五）通过防水闸门的轨道、电机车架空线、带式输送机等必须灵活易拆；通过防水闸门墙体的各种管路和安设在闸门外侧的闸阀的耐压能力，都必须与防水闸门设计压力相一致；电缆、管道通过防水闸门墙体时，必须用堵头和阀门封堵严密，不得漏水。

（六）防水闸门必须安设观测水压的装置，并有放水管和放水闸阀。

（七）防水闸门竣工后，必须按照设计要求进行验收；对新掘进巷道内建筑的防水闸门，必须进行注水耐压试验，防水闸门内巷道的长度不得大于15m，试验的压力不得低于设计水压，其稳压时间应当在24h以上，试压时应当有专门安全措施。

（八）防水闸门必须灵活可靠，并每年进行2次关闭试验，其中1次应当在雨季前进行。关闭闸门所用的工具和零配件必须专人保管、专地点存放，不得挪用丢失。

第三百一十三条　井下防水闸墙的设置应当根据矿井水文地质条件确定，防水闸墙的设计经煤矿企业技术负责人批准后方可施工，投入使用前应当由煤矿企业技术负责人组织竣工验收。

第三百一十四条　井巷揭穿含水层或者地质构造带等可能突水地段前，必须编制探放水设计，并制定相应的防治水措施。

井巷揭露的主要出水点或者地段，必须进

行水温、水量、水质和水压（位）等地下水动态和松散含水层涌水含砂量综合观测和分析，防止滞后突水。

第四节 井下排水

第三百一十五条 矿井应当配备与矿井涌水量相匹配的水泵、排水管路、配电设备和水仓等，并满足矿井排水的需要。除正在检修的水泵外，应当有工作水泵和备用水泵。工作水泵的能力，应当能在 20h 内排出矿井 24h 的正常涌水量（包括充填水及其他用水）。备用水泵的能力，应当不小于工作水泵能力的 70%。检修水泵的能力，应当不小于工作水泵能力的 25%。工作和备用水泵的总能力，应当能在 20h 内排出矿井 24h 的最大涌水量。

排水管路应当有工作管路和备用管路。工作管路的能力，应当满足工作水泵在 20h 内排出矿井 24h 的正常涌水量。工作和备用管路的总能力，应当满足工作和备用水泵在 20h 内排出矿井 24h 的最大涌水量。

配电设备的能力应当与工作、备用和检修水泵的总能力相匹配,能够保证全部水泵同时运转。

第三百一十六条 主要泵房至少有 2 个出口,一个出口用斜巷通到井筒,并高出泵房底板 7m 以上,主要泵房无人值守、分区建设排水系统和缓坡斜井开拓的矿井除外;另一个出口通到井底车场,在此出口通路内,应当设置易于关闭的既能防水又能防火的密闭门。泵房和水仓的连接通道,应当设置控制闸门。

排水系统集中控制的主要泵房可以不设专人值守,但必须实现视频监视和专人或者机器人巡检。

第三百一十七条 矿井主要水仓应当有主仓和副仓,当一个水仓清理时,另一个水仓能够正常使用。

新建、改扩建矿井或者生产矿井的新水平,正常涌水量在 1000m^3/h 以下时,主要水仓的有效容量应当能容纳8h的正常涌水量。

正常涌水量大于1000m³/h的矿井，主要水仓有效容量可以按照下式计算：

$$V = 2(Q + 3000)$$

式中　V——主要水仓的有效容量，m³；

　　　Q——矿井每小时的正常涌水量，m³。

采区水仓的有效容量应当能容纳4h的采区正常涌水量。

水仓进口处应当设置箅子。对水砂充填和其他涌水中带有大量杂质的矿井，还应当设置沉淀池。水仓的空仓容量应当经常保持在总容量的50%以上。

第三百一十八条　水泵、管路、闸阀、配电设备和线路，必须经常检查和维护。在每年雨季之前，必须全面检修1次，并对矿井主要泵房全部工作水泵和备用水泵进行1次联合排水试验，另外对潜水泵排水系统进行1次排水试验，分别提交排水试验报告。

水仓、沉淀池和水沟中的淤泥，应当及时

清理，每年雨季前必须清理 1 次。

第三百一十九条 大型、特大型矿井根据井下生产布局及涌水情况，可以分区建设排水系统，实现独立排水，排水能力根据分区预测的正常和最大涌水量计算配备，但泵房总体设计必须符合本规程第三百一十五条至第三百一十八条要求。

第三百二十条 井下采区、巷道有突水危险或者可能积水的，应当优先施工安装防、排水系统，并保证有足够的排水能力。

第五节 探 放 水

第三百二十一条 在地面无法查明水文地质条件时，应当在采掘前采用物探、钻探或者化探等方法查清采掘工作面及其周围的水文地质条件。

采掘工作面遇有下列情况之一时，应当立即停止施工，确定探水线，实施超前探放水，经确认无水害威胁后，方可施工：

（一）接近水淹或者可能积水的井巷、老空区或者相邻煤矿时。

（二）接近含水层、导水断层、溶洞和导水陷落柱时。

（三）打开隔离煤柱放水时。

（四）接近可能与河流、湖泊、水库、蓄水池、水井等相通的导水通道时。

（五）接近有出水可能的钻孔时。

（六）接近水文地质条件不清的区域时。

（七）接近有积水的灌浆区时。

（八）接近其他可能突（透）水的区域时。

第三百二十二条 采掘工作面超前探放水应当由专业技术人员编制探放水设计，采用专用钻机进行探放水，由专业探放水队伍施工。严禁使用煤电钻、锚杆钻机、风锤等非专用钻机探放水。

采掘工作面超前探放水应当同时采用钻探、物探两种方法，做到相互验证，查清采掘工作面及周边老空水、含水层富水性以及地质构造等情况。

探放水过程中应当建立施工原始记录,探放水结束后应当提交探放水总结报告。

第三百二十三条 探放老空水时,老空积水范围、积水量不清楚的,近距离煤层开采的或者地质构造不清楚的,探放水钻孔超前距不得小于30m,止水套管长度不得小于10m;老空积水范围、积水量清楚的,根据水压大小、煤(岩)层厚度、强度等,在探放水设计中对超前距和止水套管长度作出具体规定,经煤矿总工程师审批后实施。

第三百二十四条 在预计水压大于0.1MPa的地点探放水时,应当预先固结套管,在套管口安装控制闸阀,进行耐压试验。套管长度应当在探放水设计中规定。预先开掘安全躲避硐室,制定避灾路线等安全措施,并使每个作业人员了解和掌握。

第三百二十五条 预计钻孔内水压大于1.5MPa时,应当采用反压和有防喷装置的方法钻进，并制定防止孔口管和煤（岩）壁突然鼓出的措施。

第三百二十六条 在探放水钻进时，发现煤岩松软、片帮、来压或者钻孔中水压、水量突然增大和顶钻等突（透）水征兆时，应当立即停止钻进，但不得拔出钻杆；现场负责人员应立即撤出现场人员，并向矿调度室汇报，撤出所有受水威胁区域的人员到安全地点，采取安全措施，派专业技术人员监测水情并进行分析，妥善处理。

第三百二十七条 煤矿应当开展老空区分布范围及积水情况调查工作，查明矿井和周边老空区及积水情况，调查内容包括老空区位置、形成时间、层位、积水范围、积水量、水位（压）和补给来源等情况。老空积水范围不清、积水情况不明的区域，应当采取井上下结合的钻探、物探、化探等综合技术手段进行探查，在采掘工程平面图和矿井充水性图上标出积水线、探水线和警戒线。

探放水作业应当在视频监视条件下进行,透老空当班应当撤出探放水点标高以下受水害威胁区域所有人员到安全地点,监视放水全过程,观测放水量和水压等,直到老空水放完为止。放水结束后,对比放水量与预计积水量,采用钻探或者物探方法对放水效果进行验证,确保疏干放净。对于有补给水源的老空水,应当持续疏放,确保老空区水位(压)不再升高。

透老空当班,带班矿领导应当到钻探现场检查巡查,并安排专职瓦斯检查工或者矿山救护队员在现场值班,随时检查空气成分。如果甲烷或者其他有害气体浓度超过有关规定,应当立即停止钻进,切断电源,撤出人员,并报告矿调度室,及时采取措施进行处理。

第三百二十八条 钻孔放水前,应当估算积水量,并根据矿井排水能力和水仓容量,控制放水流量,防止淹井;放水时,应当有专人监测钻孔出水情况,测定水量和水压,做好记录。如果水量突然变化,应当立即报告矿调度室，分析原因，及时处理。

第三百二十九条 排除井筒和下山的积水及恢复被淹井巷前，应当制定安全措施，防止被水封闭的有毒、有害气体突然涌出。

排水过程中，应当定时观测排水量、水位和观测孔水位，并由矿山救护队随时检查水面上的空气成分，发现有害气体，及时采取措施进行处理。

第九章　冲击地压防治

第一节　一般规定

第三百三十条 在矿井井田范围内发生过冲击地压现象的煤层，或者经测定煤层（或者其顶底板岩层）具有冲击倾向性且评价具有冲击危险性的煤层，鉴定为冲击地压煤层。有冲击地压煤层的矿井鉴定为冲击地压矿井。

矿井发生生产安全事故，经事故调查认定

为冲击地压事故的，直接认定为冲击地压矿井。

煤矿企业应当将鉴定结果报省级煤矿安全监管部门、煤炭行业管理部门和驻地矿山安全监察机构。

第三百三十一条 有下列情况之一的矿井，应当进行煤层和顶底板岩层冲击倾向性测定：

（一）有强烈震动、瞬间底（帮）鼓、煤岩弹射等动力现象。

（二）埋深超过 400m 的煤层，且煤层上方 100m 范围内存在单层厚度超过 10m、单轴抗压强度大于 60MPa 的岩层。

（三）相邻矿井开采的同一煤层为冲击地压煤层。

（四）冲击地压矿井开采新水平、新煤层。

（五）井田范围内发生震级 ML2.0 以上矿震事件。

第三百三十二条 开采具有冲击倾向性的煤层，必须根据地质条件进行煤层冲击危险性评价，等级分为无、弱、中等、强四类。

第三百三十三条 新建矿井在可行性研究阶段应当完成冲击地压评估工作，评估有冲击地压危险的应当在建设期间完成冲击地压煤层鉴定。

第三百三十四条 矿井防治冲击地压（以下简称防冲）工作必须坚持"区域先行、局部跟进、分区管理、分类防治"的原则。

根据煤（岩）体弹性能释放的主体或者载荷类型等因素划分冲击地压类型，根据类型采取区域和局部综合防冲措施。

冲击地压区域防治包括区域危险性评价、区域监测分析和区域防冲措施等内容。

冲击地压局部防治包括局部危险性评价、局部监测预警、局部防冲措施、冲击地压预警解危和效果检验等内容。

区域和局部冲击危险性评价结果分为四个等级与区域：无冲击危险性、弱冲击危险性、中等冲击危险性、强冲击危险性。区域冲击危险性评价由煤矿企业负责组织开展，并经企业技术负责人审批；局部冲击危险性评价由煤矿负责组织开展，并经煤矿总工程师审批。冲击地压矿井应当按照等级和区域进行管理。

在采取区域和局部综合防冲措施后，不能将冲击危险性指标降低至临界值以下的，不得进行采掘作业。

第三百三十五条 矿井防冲工作应当遵守下列规定：

（一）设专门的防冲机构，配备满足防冲工作需要的专业防冲队伍和装备。新任职的防冲机构负责人应当具备煤矿相关专业大专以上学历，具有5年以上防冲或者采掘工作经历。大型冲击地压矿井至少配备4名防冲专业技术人员，其他冲击地压矿井至少配备3名防冲专业技术人员，防冲专业技术人员应当具备煤矿相关专业中专以上学历。

（二）必须编制中长期防冲规划与年度防冲计划，采掘工作面作业规程中必须包括相关防冲措施。

（三）必须建立区域与局部相结合的冲击地压危险监测预警制度、防冲培训制度、冲击地压危险区人员准入制度、煤矿总工程师（生产矿长）日分析制度和日生产进度通知单制度。

（四）应当根据现场实际考察资料和积累的数据确定冲击地压危险预警临界指标。

（五）应当根据防冲设计的安全开采速度确定采掘工作面生产能力。

（六）必须建立防冲工程措施实施与验收记录，保存时间不得少于3年，保证防冲过程可追溯。

第三百三十六条 有冲击地压危险的矿井，必须编制防冲专项设计。防冲专项设计应当包括开拓方式、保护层的选择、开采顺序、采区巷道布置、采煤方法、采煤工艺、煤柱留设、开采速度、生产能力、监测预警、卸压措施、冲击地压预警解危及效果检验、巷道支护与安全防护、安全管理等内容。

第三百三十七条 开采强冲击地压煤层时，应当遵守下列规定：

（一）新建开拓巷道、新建准备巷道不得布置在强冲击地压煤层中。

（二）同一采（盘）区同一翼相邻工作面不得回采与掘进同时进行。

（三）严格按照顺序开采，不得开采孤岛煤柱。

第三百三十八条 冲击地压矿井应当编制防冲预测图。防冲预测图以采掘工程平面图为基图，将采掘工程范围内的地质构造、煤层厚度等值线、煤层上方100m范围内厚硬岩层厚度等值线和距离开采煤层等距线、能量大于10^4J微震事件位置、多煤层开采遗留煤柱、地表沉降系数等值线、冲击破坏区域等标注在图纸上，每月更新1次。

第三百三十九条 开采具有冲击地压危险的急倾斜煤层、特厚煤层时，应当制定防冲专项措施，并由煤矿企业技术负责人审批。

第三百四十条 具有高瓦斯、突出煤层、容易自燃煤层或者水文地质类型复杂、极复杂的冲击地压矿井，应当根据本矿井条件，制定冲击地压参与的复合灾害一体化防治技术措施，并由煤矿企业技术负责人审批。

第二节 区域防治

第三百四十一条 冲击地压矿井必须进行区域危险性评价（以下简称区域评价）。区域评价包括煤层、水平、采（盘）区冲击危险性评价，根据地质与开采技术条件等，采用综合指数法或者其他经实践证实有效的方法确定冲击地压危险等级并划分危险区域。根据区域评价结果和冲击地压类型制定区域监测与防冲措施。

第三百四十二条 冲击地压矿井必须进行日常区域冲击地压危险监测分析，区域监测必须覆盖矿井采掘影响区域。区域监测有冲击地压危险时，在采取措施后，各监测值均在预警临界指标以下方可恢复正常作业。

第三百四十三条 冲击地压矿井应当参考地应力等因素选择合理的开拓方式，合理确定开拓巷道方向、层位与间距。

新建永久硐室不得布置在冲击地压煤层中。煤层巷道与硐室布置不应留底煤，如果留有底煤必须采取底板预卸压措施。

第三百四十四条 冲击地压煤层采掘部署时应当根据顶底板岩性适当加大掘进巷道宽度，并遵守下列规定：

（一）在应力集中区内不得布置 2 个工作面同时进行采掘作业。2 个掘进工作面之间的距离小于 150m 时，采煤工作面与掘进工作面之间的距离小于 350m 时，2 个采煤工作面之间的距离小于 500m 时，必须停止其中一个工作面。相邻矿井、相邻采（盘）区之间应当避免开采相互影响。

（二）强冲击地压厚煤层中的巷道应当布置在应力集中区外。双巷掘进时 2 条平行巷道在时间、空间上应当避免相互影响。

（三）应当优先选择无煤柱或者小煤柱护巷工艺，采用大煤柱护巷时应当避开应力集中区，严禁留大煤柱影响邻近层开采。

（四）同一采（盘）区上下层同时开采时，其中一层必须在保护层下（上）开采，水平投影距离应当符合本条（一）规定。

（五）采动影响区域内严禁巷道扩修与回采平行作业或者安排2个以上扩修点同时作业。

第三百四十五条 冲击地压煤层开采应当遵守下列规定：

（一）经论证具备开采保护层条件的中等以上冲击地压煤层，必须开采保护层。

（二）同一煤层开采时，应当合理确定采区间和采区内工作面的开采顺序。

（三）中等以下冲击地压煤层开采孤岛煤柱时，应当进行防冲安全性论证。

（四）采用长壁综合机械化或者充填开采方法。

（五）采用综采放顶煤工艺开采时，直接顶不能随采随冒的，应当预先对顶板进行弱化处理。

第三百四十六条 保护层开采应当遵守下列规定：

（一）应当根据矿井实际条件考察确定保护层的有效保护范围及时效。

（二）开采保护层后，仍存在冲击地压危险的区域，必须采取其他防冲措施。

第三百四十七条 开采原生煤体且采动裂隙带范围存在单层厚度大于30m或者连续层厚度大于50m的坚硬岩层、发生过上覆厚硬顶板主导冲击地压的区域，应当论证采用地面井压裂或者井下长距离定向钻孔压裂弱化顶板的可行性。

地面井压裂顶板和井下长距离定向钻孔压裂顶板防治冲击地压应当遵守下列规定：

（一）压裂顶板前，应当分析确定需要压裂岩层的目标层位、压裂范围和施工参数，应当评估压裂对巷道支护的影响。

（二）压裂顶板时，应当避免在开采区域出现压裂盲区，已经掘进完成的工作面，压裂期间必须设置警戒线，警戒点到压裂位置的直线距离：地面压裂不得小于500m、井下压裂不得小于100m。

（三）压裂顶板后，采掘工作面仍存在冲击地压危险的区域，必须采取其他防冲措施。

第三节 局 部 防 治

第三百四十八条 冲击地压矿井必须进行局部危险性评价（以下简称局部评价）。局部评价包括采掘工作面、大巷和硐室冲击危险性评价，根据地质与开采技术条件，采用综合指数法或者其他经实践证实有效的方法确定冲击地压危险等级并划分危险区域。根据局部评价结果和冲击地压类型制定局部监测与防冲措施。

评价为强冲击地压危险的，必须采取卸压等治理措施降低冲击危险性，否则不得进行采掘作业。评价为中等冲击地压危险的，应当采取加强支护、煤层预卸压等措施，并根据防冲要求确定采掘工作面推进速度。

第三百四十九条 冲击地压矿井必须进行局部冲击地压危险监测。局部监测必须覆盖评价有冲击地压危险且受采掘扰动或者构造影响的区域。

第三百五十条 冲击地压危险区域必须进行日常监测预警，预警有冲击地压危险时，应当立即停止作业，切断电源，撤出人员，报告矿调度室并实施冲击地压解危防冲措施。

停产 3 天以上冲击地压危险采掘工作面恢复生产前，应当评估冲击地压危险程度，并采取相应的安全措施。

第三百五十一条 冲击地压危险区域应当根据冲击地压类型有针对性地采取局部防冲措施，并遵守下列规定：

（一）采用钻孔卸压措施时，必须制定防止诱发冲击伤人的安全防护措施。

(二)采用煤层爆破措施时,应当根据实际情况确定合理的爆破参数。

(三)采用煤层注水措施时,应当根据煤层条件,确定合理的注水参数,并检验注水效果。

(四)采用底板卸压、顶板预裂、水力压裂等措施时,应当根据煤岩层条件,确定合理的参数。

第三百五十二条 冲击地压矿井的非冲击地压煤层,在3面以上被采空区所包围区域开采或者回收煤柱前,应当开展冲击危险性评价,有冲击地压危险的必须制定防冲专项措施。

第三百五十三条 具有冲击地压危险的采掘工作面存在下列情形之一时,必须在防冲设计中强化防冲措施或者制定防冲专项措施。

(一)采掘工作面临近大型地质构造(幅度在30m以上、长度在1000m以上的褶曲,落差大于20m的断层)、采空区、煤柱及其他应力集中区域。

（二）冲击地压煤层巷道与硐室特殊情况留有底煤区域。

（三）采掘工作面过旧巷区域。

（四）巷道扩修作业区域。

（五）冲击地压煤层掘进巷道距离贯通点或者错层交叉点前50m区域时。

（六）在采掘工作面进行爆破卸压作业时。

（七）回采工作面初次来压、周期来压、采空区"见方"时。

第三百五十四条 采掘工作面实施解危措施时，必须撤出与实施解危措施无关的人员。撤离冲击地压解危地点的最小直线距离不得小于300m。

冲击地压危险工作面实施解危措施后，必须进行效果检验，确认检验结果小于预警临界指标后，方可进行采掘作业。

第四节　巷道支护与安全防护

第三百五十五条　冲击地压危险区域的巷

道必须加强支护。

采煤工作面必须加大上下出口和巷道的超前支护范围,并满足支护距离要求,弱冲击地压危险区域的工作面超前支护长度不得小于70m;厚煤层放顶煤工作面、中等冲击地压危险区域的工作面超前支护长度不得小于120m。

第三百五十六条 冲击地压危险区域的采煤工作面超前支护应当满足支护强度和支护稳定性要求,严禁采用刚性支护。中等以上冲击地压危险区域严禁采用单体液压支柱加强支护(局部补强除外)。采用液压支架时,应当根据煤层赋存条件、来压特征确定支架选型、工作阻力和支护参数。

有底板冲击地压危险区域,必须采取底板防冲措施。

第三百五十七条 具有冲击地压危险的厚煤层托顶煤掘进的巷道,遇顶板破碎、自然淋水、过断层、过老空区、高应力区时,应当制定冲击地压与巷道冒顶复合灾害防治措施，必须采用锚杆锚索和可缩支架（包括可缩性棚式支架、液压支架等）复合支护形式加强支护。

第三百五十八条 开采冲击地压煤层时，应当"分区、分类、分时段"进行限员管理。

（一）采煤工作面限员范围为工作面及两巷超前300m内，掘进工作面限员范围为迎头及其后方200m内。

（二）采煤工作面在生产班限员16人，检修班限员40人。

（三）采煤工作面两巷超前300m范围内，强冲击地压危险区域生产期间未经批准不得进入人员。

（四）掘进工作面中等以上冲击地压危险区域，除临时监管人员外，施工截割、支护、迎头超前预卸压等关键工序期间，限员9人，施工其他工序期间限员15人。

（五）在中等以上冲击地压危险区域进行扩巷、巷修及卸压防冲作业时，限员9人。

第三百五十九条 进入中等以上冲击地压危险区域的人员必须采取特殊的个体防护措施。

第三百六十条 冲击地压危险区域采用爆破作业时，起爆地点到爆破地点的直线距离不得小于300m，躲避时间不得小于30min。

第三百六十一条 有冲击地压危险的采掘工作面，供电、供液等设备应当放置在采动应力集中影响区外。对危险区域内的设备、管线、物品等应当采取固定措施。

第三百六十二条 有冲击地压危险的采掘工作面必须设置压风自救系统，明确发生冲击地压时的避灾路线。

第十章 爆炸物品和井下爆破

第一节 爆炸物品贮存

第三百六十三条 爆炸物品的贮存，永久性地面爆炸物品库建筑结构（包括永久性埋入式库房)及各种防护措施,总库区的内、外部安全距离等,必须遵守国家有关规定。

井上、下接触爆炸物品的人员,必须穿棉布或者抗静电衣服。

第三百六十四条 建有爆炸物品制造厂的矿区总库,所有库房贮存各种炸药的总容量不得超过该厂1个月生产量,雷管的总容量不得超过3个月生产量。没有爆炸物品制造厂的矿区总库,所有库房贮存各种炸药的总容量不得超过由该库所供应的矿井2个月的计划需要量,雷管的总容量不得超过6个月的计划需要量。单个库房的最大容量:炸药不得超过200t,雷管不得超过500万发。

地面分库所有库房贮存爆炸物品的总容量:炸药不得超过75t,雷管不得超过25万发。单个库房的炸药最大容量不得超过25t。地面分库贮存各种爆炸物品的数量,不得超过由该库所供应矿井3个月的计划需要量。

第三百六十五条 开凿平硐或者利用已有

平硐作为爆炸物品库时，必须遵守下列规定：

（一）硐口必须装有向外开启的 2 道门，由外往里第一道门为包铁皮的木板门，第二道门为栅栏门。

（二）硐口到最近贮存硐室之间的距离超过 15m 时，必须有 2 个入口。

（三）硐口前必须设置横堤，横堤必须高出硐口 1.5m，横堤的顶部长度不得小于硐口宽度的 3 倍，顶部厚度不得小于 1m。横堤的底部长度和厚度，应当根据所用建筑材料的静止角确定。

（四）库房底板必须高于通向爆炸物品库巷道的底板，硐口到库房的巷道坡度为 5‰，并有带盖的排水沟，巷道内可以铺设不延深到硐室内的轨道。

（五）除有运输爆炸物品用的巷道外，还必须有通风巷道（钻孔、探井或者平硐），其入口和通风设备必须设置在围墙以内。

（六）库房必须采用不燃性材料支护。巷

道内采用固定式照明时，开关必须设在地面。

（七）爆炸物品库上面覆盖层厚度小于10m时，必须装设防雷电设备。

（八）检查数码电子雷管的工作，必须在爆炸物品贮存硐室外设有安全设施的专用房间或者硐室内进行。

第三百六十六条 各种爆炸物品的每一品种都应当专库贮存；当条件限制时，按照国家有关同库贮存的规定贮存。

存放爆炸物品的木架每格只准放 1 层爆炸物品箱。

第三百六十七条 地面爆炸物品库必须有发放爆炸物品的专用套间或者单独房间。分库的炸药发放套间内，可以临时保存爆破员的空爆炸物品箱与起爆控制器。在分库的雷管发放套间内发放雷管时，必须在铺有导电的软质垫层并有边缘突起的桌子上进行。

第三百六十八条 井下爆炸物品库应当采用硐室式、壁槽式或者含壁槽的硐室式。

爆炸物品必须贮存在硐室或者壁槽内，硐室之间或者壁槽之间的距离，必须符合爆炸物品安全距离的规定。

井下爆炸物品库应当包括库房、辅助硐室和通向库房的巷道。辅助硐室中，应当有检查数码电子雷管性能参数、发放炸药以及保存爆破员空爆炸物品箱等的专用硐室。

第三百六十九条 井下爆炸物品库的布置必须符合下列要求：

（一）库房距井筒、井底车场、主要运输巷道、主要硐室以及影响全矿井或者一翼通风的风门的法线距离：硐室式不得小于100m，壁槽式不得小于60m。

（二）库房距行人巷道的法线距离：硐室式不得小于35m，壁槽式不得小于20m。

（三）库房距地面或者上下巷道的法线距离：硐室式不得小于30m，壁槽式不得小于15m。

（四）库房与外部巷道之间，必须用3条相互垂直的连通巷道相连。连通巷道的相交处必须延长2m，断面积不得小于$4m^2$，在连通巷道尽头还必须设置缓冲砂箱隔墙，不得将连通巷道的延长段兼作辅助硐室使用。库房两端的通道与库房连接处必须设置齿形阻波墙。

（五）每个爆炸物品库房必须有2个出口，一个出口供发放爆炸物品及行人，出口的一端必须装有能自动关闭的抗冲击波活门；另一出口布置在爆炸物品库回风侧，可以铺设轨道运送爆炸物品，该出口与库房连接处必须装有1道常闭的抗冲击波密闭门。

（六）库房地面必须高于外部巷道的地面，库房和通道应当设置水沟。

（七）贮存爆炸物品的各硐室、壁槽的间距应当大于殉爆安全距离。

第三百七十条 井下爆炸物品库必须采用砌碹或者用非金属不燃性材料支护，不得渗漏水，并采取防潮措施。爆炸物品库出口两侧的巷道，必须采用砌碹或者用不燃性材料支护，支护长度不得小于5m。库房必须备有足够数量的消防器材。

第三百七十一条 井下爆炸物品库的最大贮存量,不得超过矿井 3 天的炸药需要量和 10 天的数码电子雷管需要量。

井下爆炸物品库的炸药和数码电子雷管必须分开贮存。

每个硐室贮存的炸药量不得超过 2t,数码电子雷管不得超过 10 天的需要量;每个壁槽贮存的炸药量不得超过 400kg,数码电子雷管不得超过 2 天的需要量。

库房的发放爆炸物品硐室允许存放当班待发的炸药,最大存放量不得超过 3 箱。

第三百七十二条 在多水平生产的矿井、井下爆炸物品库距爆破工作地点超过 2.5km 的矿井以及井下不设置爆炸物品库的矿井内,可以设爆炸物品发放硐室,并必须遵守下列规定:

(一)发放硐室必须设在独立通风的专用巷道内,距使用的巷道法线距离不得小于 25m。

(二)发放硐室爆炸物品的贮存量不得超

过1天的需要量,其中炸药量不得超过400kg。

(三)炸药和数码电子雷管必须分开贮存,并用不小于240mm厚的砖墙或者混凝土墙隔开。

(四)发放硐室应当有单独的发放间,发放硐室出口处必须设1道能自动关闭的抗冲击波活门。

(五)建井期间的爆炸物品发放硐室必须实现独立通风。必须制定预防爆炸物品爆炸的安全措施。

(六)管理制度必须与井下爆炸物品库相同。

第三百七十三条 井下爆炸物品库必须采用矿用防爆型(矿用增安型除外)照明设备,照明线必须使用阻燃电缆,电压不得超过127V。严禁在贮存爆炸物品的硐室或者壁槽内安设照明设备。

不设固定式照明设备的爆炸物品库,可以使用带绝缘套的矿灯。

任何人员不得携带矿灯进入井下爆炸物品

库房内。库内照明设备或者线路发生故障时,检修人员可以在库房管理人员的监护下使用带绝缘套的矿灯进入库内工作。

第三百七十四条 煤矿企业必须建立爆炸物品领退制度和爆炸物品丢失处理办法。

数码电子雷管(包括清退入库的数码电子雷管)在发给爆破员前,必须用专用设备对每发数码电子雷管的电流、电容等性能参数进行检测。

发放的爆炸物品必须是有效期内的合格产品,并且雷管应当严格按照同一厂家和同一品种进行发放。

爆炸物品的销毁,必须遵守《民用爆炸物品安全管理条例》。

第二节 爆炸物品运输

第三百七十五条 在地面运输爆炸物品时,必须遵守《民用爆炸物品安全管理条例》以及有关标准规定。

第三百七十六条 在井筒内运送爆炸物品时，应当遵守下列规定：

（一）数码电子雷管和炸药必须分开运送；但在开凿或者延深井筒时，符合本规程第三百八十二条规定的，不受此限。

（二）必须事先通知绞车司机和井上、下把钩工。

（三）运送数码电子雷管时，罐笼内只准放置1层爆炸物品箱，不得滑动。运送炸药时，爆炸物品箱堆放的高度不得超过罐笼高度的2/3。采用将装有炸药或者数码电子雷管的车辆直接推入罐笼内的方式运送时，车辆必须符合本规程第三百七十七条（二）的规定。使用吊桶运送爆炸物品时，必须使用专用箱。

（四）在装有爆炸物品的罐笼或者吊桶内，除爆破员或者护送人员外，不得有其他人员。

（五）罐笼升降速度，运送数码电子雷管时，不得超过2m/s；运送其他类爆炸物品时，不得超过4m/s。吊桶升降速度，不论运送何种爆炸物品,都不得超过1m/s。司机在启动和停绞车时,应当保证罐笼或者吊桶不震动。

(六)在交接班、人员上下井的时间内,严禁运送爆炸物品。

(七)禁止将爆炸物品存放在井口房、井底车场或者其他巷道内。

第三百七十七条 井下用机车运送爆炸物品时,应当遵守下列规定:

(一)炸药和数码电子雷管在同一列车内运输时,装有炸药与装有数码电子雷管的车辆之间,以及装有炸药或者数码电子雷管的车辆与机车之间,必须用空车分别隔开,隔开长度不得小于3m。

(二)数码电子雷管必须装在专用的、带盖的、有木质隔板的车厢内,车厢内部应当铺有胶皮或者麻袋等软质垫层,并只准放置1层爆炸物品箱。炸药箱可以装在矿车内,但堆放高度不得超过矿车上缘。运输炸药、数码电子雷管的矿车或者车厢必须有专门的警示标识。

（三）爆炸物品必须由井下爆炸物品库负责人或者经过专门培训的人员专人护送。跟车工、护送人员和装卸人员应当坐在尾车内，严禁其他人员乘车。

（四）列车的行驶速度不得超过 2m/s。

（五）装有爆炸物品的列车不得同时运送其他物品。

井下采用无轨胶轮车运送爆炸物品时，应当按照民用爆炸物品运输管理有关规定执行。

第三百七十八条 水平巷道和倾斜巷道内有可靠的信号装置时，可以用钢丝绳牵引的车辆运送爆炸物品，炸药和数码电子雷管必须分开运输，运输速度不得超过 1m/s。运输数码电子雷管的车辆必须加盖、加垫，车厢内以软质垫物塞紧，防止震动和撞击。

严禁用刮板输送机、带式输送机等运输爆炸物品。

第三百七十九条 由爆炸物品库直接向工作地点用人力运送爆炸物品时，应当遵守下列规定：

（一）数码电子雷管必须由爆破员亲自运送，炸药应当由爆破员或者在爆破员监护下运送。

（二）爆炸物品必须装在耐压和抗撞冲、防震、防静电的非金属容器内，不得将数码电子雷管和炸药混装。严禁将爆炸物品装在衣袋内。领到爆炸物品后，应当直接送到工作地点，严禁中途逗留。

（三）携带爆炸物品上、下井时，在每层罐笼内搭乘的携带爆炸物品的人员不得超过4人，其他人员不得同罐上下。

（四）在交接班、人员上下井的时间内，严禁携带爆炸物品人员沿井筒上下。

第三节 井下爆破

第三百八十条 煤矿必须指定部门对爆破工作专门管理，配备专业管理人员。

所有爆破人员，包括爆破、送药、装药人

员，必须熟悉爆炸物品性能和本规程规定。

第三百八十一条 开凿或者延深立井井筒，向井底工作面运送爆炸物品和在井筒内装药时，除负责装药爆破的人员、信号工、看盘工和水泵司机外，其他人员必须撤到地面或者上水平巷道中。

第三百八十二条 开凿或者延深立井井筒中的装配起爆药卷工作，必须在地面专用的房间内进行。

专用房间距井筒、厂房、建筑物和主要通路的安全距离必须符合国家有关规定，且距离井筒不得小于50m。

严禁将起爆药卷与炸药装在同一爆炸物品容器内运往井底工作面。

第三百八十三条 在开凿或者延深立井井筒时，必须在地面或者在生产水平巷道内进行起爆。

在爆破用通信电缆与起爆控制器接通之前，井筒内所有电气设备必须断电。

只有在爆破员完成装药和连线工作,将所有井盖门打开,井筒、井口房内的人员全部撤出,设备、工具提升到安全高度以后,方可起爆。

爆破通风后,必须仔细检查井筒,清除崩落在井圈上、吊盘上或者其他设备上的矸石。

爆破后乘吊桶检查井底工作面时,吊桶不得蹾撞工作面。

第三百八十四条 井下爆破工作必须由专职爆破员担任。突出煤层采掘工作面爆破工作必须由固定的专职爆破员担任。爆破作业必须执行"一炮三检"和"三人连锁爆破"制度,并在起爆前检查起爆地点的甲烷浓度。

第三百八十五条 爆破作业必须编制爆破作业说明书,并符合下列要求:

(一)炮孔布置图必须标明采煤工作面的高度和打眼范围或者掘进工作面的巷道断面尺寸,炮孔的位置、个数、深度、角度及炮孔编号,并用正面图、平面图和剖面图表示。

（二）炮孔说明表必须说明炮孔的名称、深度、角度，使用炸药、雷管的品种，装药量，封泥长度，连线方法和起爆顺序。

（三）必须编入采掘作业规程，并及时修改补充。

钻孔、爆破人员必须依照说明书进行作业。

第三百八十六条 不得使用过期或者变质的爆炸物品。不能使用的爆炸物品必须交回爆炸物品库。

第三百八十七条 井下爆破作业，必须使用煤矿许用炸药和煤矿许用数码电子雷管，并应当与专用起爆控制器配套使用。一次爆破必须使用同一厂家、同一品种的煤矿许用炸药和煤矿许用数码电子雷管。煤矿许用炸药的选用必须遵守下列规定：

（一）低瓦斯矿井的岩石掘进工作面，使用安全等级不低于一级的煤矿许用炸药。

（二）低瓦斯矿井的煤层采掘工作面、半煤岩掘进工作面，使用安全等级不低于二级的煤矿许用炸药。

（三）高瓦斯矿井，使用安全等级不低于三级的煤矿许用炸药。

（四）突出矿井，使用安全等级不低于三级的煤矿许用含水炸药。

煤矿井下爆破使用数码电子雷管，一次起爆总延期时间不得超过130ms。

第三百八十八条 在有瓦斯或者煤尘爆炸危险的采掘工作面，应当采用毫秒爆破。在掘进工作面应当全断面一次起爆，不能全断面一次起爆的，必须采取安全措施。在采煤工作面可以分组装药，但一组装药必须一次起爆。

严禁在1个采煤工作面使用多台起爆控制器同时进行爆破。

第三百八十九条 在高瓦斯矿井采掘工作面采用毫秒爆破时，若采用反向起爆，必须制定安全技术措施。

第三百九十条 在高瓦斯、突出矿井的采掘工作面实体煤中，为增加煤体裂隙、松动煤体而进行的 10m 以上的深孔预裂控制爆破，可以使用二级煤矿许用炸药，并制定安全措施。

第三百九十一条 爆破员必须把炸药、数码电子雷管分开存放在专用的爆炸物品箱内，并加锁，严禁乱扔、乱放。爆炸物品箱必须放在顶板完好、支护完整，避开有机械、电气设备的地点。爆破时必须把爆炸物品箱放置在警戒线以外的安全地点。

第三百九十二条 装配起爆药卷时，必须遵守下列规定：

（一）必须在顶板完好、支护完整，避开电气设备和导电体的爆破工作地点附近进行。严禁坐在爆炸物品箱上装配起爆药卷。装配起爆药卷数量，以当时爆破作业需要的数量为限。

（二）装配起爆药卷必须防止数码电子雷管受震动、冲击，折断数码电子雷管脚线和损坏脚线绝缘层。

（三）数码电子雷管必须由药卷的顶部装入，严禁用数码电子雷管代替竹、木棍扎眼。

数码电子雷管必须全部插入药卷内。严禁将数码电子雷管斜插在药卷的中部或者捆在药卷上。

（四）数码电子雷管插入药卷后，必须用脚线将药卷缠住，并核查脚线夹完整无损。

第三百九十三条　装药前，必须首先清除炮孔内的煤粉或者岩粉，再用木质或者竹质炮棍将药卷轻轻推入，不得冲撞或者捣实。炮孔内的各药卷必须彼此密接。

有水的炮孔，应当使用抗水型炸药。

装药后，必须核查脚线夹完整无损，确保数码电子雷管脚线悬空，严禁数码电子雷管脚线、爆破用通信电缆与机械电气设备等导电体相接触。

第三百九十四条　炮孔封泥必须使用水炮泥，水炮泥外剩余的炮孔部分应当用黏土炮泥或者用不燃性、可塑性松散材料制成的炮泥封实。严禁用煤粉、块状材料或者其他可燃性材料作炮孔封泥。

无封泥、封泥不足或者不实的炮孔，严禁

爆破。

严禁裸露爆破。

第三百九十五条 炮孔深度和炮孔的封泥长度应当符合下列要求：

（一）炮孔深度小于0.6m时，不得装药、爆破；在特殊条件下，如挖底、刷帮、挑顶确需进行炮孔深度小于0.6m的浅孔爆破时，必须制定安全措施并封满炮泥。

（二）炮孔深度为0.6~1m时，封泥长度不得小于炮孔深度的1/2。

（三）炮孔深度超过1m时，封泥长度不得小于0.5m。

（四）炮孔深度超过2.5m时，封泥长度不得小于1m。

（五）深孔爆破时，封泥长度不得小于孔深的1/3。

（六）光面爆破时，周边光爆炮孔应当用炮泥封实，且封泥长度不得小于0.3m。

（七）工作面有2个以上自由面时，在煤

层中最小抵抗线不得小于0.5m，在岩层中最小抵抗线不得小于0.3m。浅孔装药爆破大块岩石时，最小抵抗线和封泥长度都不得小于0.3m。

第三百九十六条 处理卡在溜煤（矸）眼中的煤、矸时，如果确无爆破以外的其他方法，可以爆破处理，但必须遵守下列规定：

（一）爆破前检查溜煤（矸）眼内堵塞部位的上部和下部空间的瓦斯浓度。

（二）爆破前必须洒水。

（三）使用用于溜煤（矸）眼的煤矿许用刚性被筒炸药，或者不低于该安全等级的煤矿许用炸药。

（四）每次爆破只准使用1个煤矿许用数码电子雷管，最大装药量不得超过450g。

第三百九十七条 装药前和爆破前有下列情况之一的，严禁装药、爆破：

（一）采掘工作面控顶距离不符合作业规程的规定，或者有支架损坏，或者伞檐超过规定。

（二）爆破地点附近 20m 以内风流中甲烷浓度达到或者超过 1.0%。

（三）在爆破地点 20m 以内，矿车、未清除的煤（矸）或者其他物体堵塞巷道断面 1/3 以上。

（四）炮孔内发现异状、温度骤高骤低、有显著瓦斯涌出、煤岩松散、透老空区等情况。

（五）采掘工作面风量不足。

第三百九十八条 在有煤尘爆炸危险的煤层中，掘进工作面爆破前后，附近 20m 的巷道内必须洒水降尘。

第三百九十九条 爆破前，必须加强对机电设备、液压支架和电缆等的保护。

爆破前，班组长必须亲自布置专人将工作面所有人员撤离警戒区域，并在警戒线和可能进入爆破地点的所有通路上布置专人担任警戒工作。警戒人员必须在安全地点警戒。警戒线处应当设置警戒牌、栏杆或者拉绳。

第四百条 爆破用通信电缆和连接线必须符合下列要求：

（一）爆破用通信电缆符合标准。

（二）爆破用通信电缆和连接线、数码电子雷管脚线和连接线之间应当相互扭（卡）紧并悬空，不得与轨道、金属管、金属网、钢丝绳、刮板输送机等导电体相接触。

（三）巷道掘进时，爆破用通信电缆应当随用随挂。不得使用固定爆破用通信电缆，特殊情况下，在采取安全措施后，可以不受此限。

（四）爆破用通信电缆与电缆应当分别挂在巷道的两侧。如果必须挂在同一侧，爆破用通信电缆必须挂在电缆的下方，并保持 0.3m 以上的距离。

（五）只准采用爆破用绝缘通信电缆单回路爆破，严禁用轨道、金属管、金属网、水或者大地等当作回路。

（六）爆破前，爆破用通信电缆必须扭结成短路。

第四百零一条 井下爆破必须使用煤矿许用数码电子雷管起爆控制器。煤矿许用数码电子雷管起爆控制器必须统一管理、发放。必须定期校验起爆控制器的各项性能参数,并进行防爆性能检查,不符合要求的严禁使用。

第四百零二条 每次爆破作业前,爆破员必须在装药完成后,使用煤矿许用数码电子雷管起爆控制器对电爆网路进行检测。

第四百零三条 爆破员必须最后离开爆破地点,并在安全地点起爆。撤人、警戒等措施及起爆地点到爆破地点的距离必须在作业规程中具体规定。

起爆地点到爆破地点的距离应当符合下列要求:

(一)岩巷直线巷道大于130m,拐弯巷道大于100m。

(二)煤(半煤岩)巷直线巷道大于100m,拐弯巷道大于75m。

(三)采煤工作面大于75m,且位于工作

面进风巷内。

第四百零四条 煤矿许用数码电子雷管起爆控制器入井后必须由爆破员随身携带,严禁转交他人。只有在爆破时取出使用,并能通过密码、人脸或者虹膜识别等实现"三人连锁爆破"。爆破后,必须立即摘掉爆破用通信电缆并扭结成短路,收好起爆控制器。

第四百零五条 爆破前,脚线的连接工作可以由经过专门训练的班组长协助爆破员进行。爆破用通信电缆连接脚线、检查线路和通电工作,只准爆破员一人操作。

爆破前,班组长必须清点人数,确认无误后,方准下达起爆命令。

爆破员接到起爆命令后,必须先发出爆破警号,至少再等5s后方可起爆。

装药的炮孔应当当班爆破完毕。特殊情况下,当班留有尚未爆破的已装药的炮孔时,当班爆破员必须在现场向下一班爆破员交接清楚。

第四百零六条 爆破后,待工作面的炮烟被吹散，爆破员、瓦斯检查工和班组长必须首先巡视爆破地点，检查通风、瓦斯、煤尘、顶板、支架、拒爆、残爆等情况。发现危险情况，必须立即处理。

第四百零七条 通电以后拒爆时，爆破员必须先将爆破用通信电缆从起爆控制器上摘下，扭结成短路；再等待至少 30min 后，才可沿线路检查，找出拒爆的原因。

第四百零八条 处理拒爆、残爆时，应当在班组长指导下进行，并在当班处理完毕。如果当班未能完成处理工作，当班爆破员必须在现场向下一班爆破员交接清楚。

处理拒爆时，必须遵守下列规定：

（一）由于连线不良造成的拒爆，可以重新连线起爆。

（二）在距拒爆炮孔 0.3m 以外另打与拒爆炮孔平行的新炮孔，重新装药起爆。

（三）严禁用镐刨或者从炮孔中取出原放置的起爆药卷，或者从起爆药卷中拉出数码电子雷管。不论有无残余炸药，严禁将炮孔残底继续加深；严禁使用打孔的方法往外掏药；严禁使用压风吹拒爆、残爆炮孔。

（四）处理拒爆的炮孔爆炸后，爆破员必须详细检查炸落的煤、矸，收集未爆的数码电子雷管。

（五）在拒爆处理完毕以前，严禁在该地点进行与处理拒爆无关的工作。

第四百零九条 爆炸物品库和爆炸物品发放硐室附近30m范围内，严禁爆破。

第十一章 运输、提升和空气压缩机

第一节 平巷和倾斜井巷运输

第四百一十条 采用滚筒驱动带式输送机运输时，应当遵守下列规定：

（一）采用非金属聚合物制造的输送带、托辊和滚筒包胶材料等，其阻燃性能和抗静电性能必须符合有关标准的规定。

（二）必须装设防打滑、跑偏、堆煤、撕裂、拉线急停闭锁等保护装置，同时应当装设温度、烟雾监测装置和自动洒水装置。

（三）主要运输巷道中使用的带式输送机，必须装设输送带张紧力下降和张紧行程限位保护装置。

（四）倾斜井巷中使用的带式输送机，上运时，必须装设防逆转装置和制动装置；下运时，应当装设软制动装置且必须装设防超速保护装置。

（五）在大于16°的倾斜井巷中使用带式输送机，应当设置防护网等设施，并采取防止物料下滑、滚落等的安全措施。

（六）液力偶合器严禁使用可燃性传动介质（调速型液力偶合器不受此限）。

（七）机头、机尾及搭接处，应当有照明。

（八）机头、机尾、驱动滚筒和改向滚筒处，应当设防护栏及警示牌。行人跨越带式输送机处，应当设过桥。

（九）输送带设计安全系数，应当按照下列规定选取：

1. 棉织物芯输送带，8~9。

2. 尼龙、聚酯织物芯输送带，10~12。

3. 钢丝绳芯输送带，7~9；当带式输送机采取可控软启动、制动措施时，5~7。

4. 芳纶输送带，8~10；当带式输送机采取可控软启动、制动措施时，7~8。

（十）应当加强带式输送机日常维护检查管理，并遵守下列规定：

1. 严禁输送带与井巷设施设备、底板、侧帮及底部积存浮煤、杂物摩擦运行，严禁带式输送机转动部位卡滞运行。

2. 每天应当对带式输送机的运行状态和完好情况进行 1 次巡检。

3. 每周应当进行 1 次保护性能井下试验；不能在井下试验的，应当每天检查，每季度升井试验。

第四百一十一条 新建、改扩建矿井不得使用钢丝绳牵引带式输送机。生产矿井采用钢丝绳牵引带式输送机运输时，必须遵守下列规定：

（一）装设过速保护、过电流和欠电压保护、钢丝绳和输送带脱槽保护、输送带局部过载保护、钢丝绳张紧车到达终点和张紧重锤落地保护，并定期进行检查和试验。

（二）在倾斜井巷中，必须在低速驱动轮上装设液控盘式失效安全型制动装置，制动力矩与设计最大静拉力差在闸轮上作用力矩之比在2~3之间；制动装置应当具备手动和自动双重制动功能。

（三）运送人员时，应当遵守下列规定：

1. 输送带至巷道顶部的垂距，在上、下人员的20m区段内不得小于1.4m，行驶区段内不得小于1m。下行带乘人时，上、下输送带间的垂距不得小于1m。

2. 输送带的宽度不得小于0.8m，运行速度不得超过1.8m/s，绳槽至输送带边的宽度不得小于60mm。

3. 人员乘坐间距不得小于4m。乘坐人员不得站立或者仰卧，应当面向行进方向。严禁携带笨重物品和超长物品，严禁触摸输送带侧帮。

4. 上、下人员的地点应当设有平台和照明。上行带平台的长度不得小于5m，宽度不得小于0.8m，并有栏杆。上、下人的区段内不得有支架或者悬挂装置。下人地点应当有标志或者声光信号，距离下人区段末端前方2m处，必须设有能自动停车的安全装置。在机头机尾下人处，必须设有人员越位的防护设施或者保护装置，并装设机械式倾斜挡板。

5. 运送人员前，必须卸除输送带上的物料。

6. 应当装有在输送机全长任何地点可由乘坐人员或者其他人员操作的紧急停车装置。

第四百一十二条 采用轨道机车运输时，轨道机车的选用应当遵守下列规定：

（一）突出矿井必须使用符合防爆要求的机车。

（二）新建高瓦斯矿井不得使用架线电机车运输。高瓦斯矿井在用的架线电机车运输，必须遵守下列规定：

1. 沿煤层或者穿过煤层的巷道必须采用砌碹或者锚喷支护。

2. 有瓦斯涌出的掘进巷道的回风流，不得进入有架线的巷道中。

3. 采用炭素滑板或者其他能减小火花的集电器。

（三）低瓦斯矿井的总回风巷、采区进（回）风巷应当使用符合防爆要求的机车。低瓦斯矿井进风的主要运输巷道，可以使用架线电机车，并使用不燃性材料支护。

（四）各种车辆的两端必须装置碰头，每端碰头从车厢（体）向外突出的长度不得小于100mm。

第四百一十三条 采用轨道机车运输时，

应当遵守下列规定：

（一）生产矿井同一水平行驶 7 台以上机车时，应当设置机车运输监控系统；同一水平行驶 5 台以上机车时，应当设置机车运输集中信号控制系统。新建大型以上矿井的井底车场和运输大巷，应当设置机车运输监控系统或者运输集中信号控制系统，机车应当具备定位功能。

（二）列车或者单独机车均必须前有照明，后有红灯。

（三）列车通过的风门，必须设有当列车通过时能够发出在风门两侧都能接收到声光信号的装置。

（四）巷道内应当装设路标和警标。

（五）必须定期检查和维护机车，发现隐患，及时处理。

（六）正常运行时，机车必须在列车前端。机车行近巷道口、硐室口、弯道、道岔或者噪声大等地段，以及前有车辆或者视线有障碍时，必须减速慢行，并发出警号。

（七）2辆机车或者2列列车在同一轨道同一方向行驶时，必须保持不少于100m的距离。

（八）同一区段线路上，不得同时行驶非机动车辆。

（九）必须有用矿灯发送紧急停车信号的规定。非特殊情况，任何人不得使用紧急停车信号。

（十）机车运行中，严禁司机将头或者身体探出车外；司机离开座位时，必须切断电动机电源，取下控制手把（钥匙），扳紧停车制动。在运输线路上临时停车时，不得关闭车灯。

（十一）新投用机车应当测定制动距离，之后每年测定1次。运送物料时制动距离不得超过40m；运送人员时制动距离不得超过20m。

第四百一十四条 使用的矿用防爆型柴油动力装置，应当符合下列要求：

（一）采用湿式排气的防爆型柴油动力装

置，应当具有发动机排气超温、冷却水超温、尾气水箱水位、润滑油压力等保护装置；排气口的排气温度不得超过77℃。

（二）采用其他排气形式的防爆型柴油动力装置，应当符合相应国家标准或者行业标准的安全要求。

（三）柴油机动力装置排气管表面温度不得超过150℃。

（四）发动机壳体不得采用铝合金制造；非金属部件应当具有阻燃和抗静电性能；油箱及管路必须采用不燃性材料制造；油箱最大容量不得超过8h用油量。

（五）冷却水温度不得超过95℃。

（六）在正常运行条件下，尾气排放应当满足相关规定。

（七）必须配备灭火器。

（八）必须有保证安全加油的措施。

第四百一十五条 轨道线路应当符合下列要求：

（一）运行7t以上机车、3t以上矿车，或者运送15t以上载荷的矿井、采区主要巷道轨道线路，应当使用不小于30kg/m的钢轨；其他线路应当使用不小于18kg/m的钢轨。

（二）卡轨车、齿轨车和胶套轮车运行线路的轨道：在用的，应当采用不小于22kg/m的钢轨；新建、改建的，应当采用不小于30kg/m的钢轨。

（三）同一线路必须使用同一型号钢轨，道岔的钢轨型号不得低于线路的钢轨型号。

（四）轨道线路必须按照标准铺设，使用期间应当加强维护及检修。

第四百一十六条 采用架线电机车运输时，架空线及轨道应当符合下列要求：

（一）架空线悬挂高度、与巷道顶或者棚梁之间的距离等，应当保证机车的安全运行。

（二）架空线的直流电压不得超过600V。

（三）轨道应当符合下列规定：

1. 两平行钢轨之间，每隔50m应当连接1

根断面不小于50mm²的铜线或者其他具有等效电阻的导线。

2. 线路上所有钢轨接缝处，必须用导线或者采用轨缝焊接工艺加以连接。连接后每个接缝处的电阻应当符合要求。

3. 不回电的轨道与架线电机车回电轨道之间，必须加以绝缘。第一绝缘点设在2种轨道的连接处；第二绝缘点设在不回电的轨道上，其与第一绝缘点之间的距离必须大于1列车的长度。在与架线电机车线路相连通的轨道上有钢丝绳跨越时，钢丝绳不得与轨道相接触。

第四百一十七条 长度超过1.5km的主要运输平巷或者高差超过50m的人员上下的主要倾斜井巷，应当采用机械方式运送人员。

运送人员的车辆必须为专用车辆，严禁使用非乘人装置运送人员。

严禁人、物料混运。

第四百一十八条 采用架空乘人装置运送人员时，应当遵守下列规定：

（一）有专项设计。

（二）单人吊椅中心至巷道一侧突出部分的距离不得小于0.7m，双向同时运送人员时钢丝绳间距不得小于0.8m，固定抱索器的钢丝绳间距不得小于1.0m；双人吊椅中心至巷道一侧突出部分的距离不得小于1.0m，双向同时运送人员时钢丝绳间距不得小于1.6m。

乘人吊椅距底板的高度不得小于0.2m，在上下人站处不大于0.5m。乘坐间距不应小于牵引钢丝绳5s的运行距离，且不得小于6m。除采用固定抱索器的架空乘人装置外，应当设置乘人间距提示和保护装置，保护装置发生动作后，应当声光报警并安全制动。

（三）新建的架空乘人装置，固定抱索器最大运行坡度不得超过28°，可摘挂抱索器最大运行坡度不得超过25°，运行速度应当满足表7的规定。运行速度超过1.2m/s时，不得采用固定抱索器；运行速度超过1.4m/s时，应当设置调速装置，并实现静止状态上下人员，严禁人员在非乘人站上下。

在用的架空乘人装置运行坡度超出表7中规定时，运行速度不得大于0.7m/s，乘坐间距不得小于13m，并有保证人员安全上下车的措施。

表7 架空乘人装置运行速度规定　　m/s

巷道坡度 $\theta/$（°）	28≥θ>25	25≥θ>20	20≥θ>14	θ≤14
固定抱索器	≤0.8	≤1.2		
可摘挂抱索器	—	≤1.2	≤1.4	≤1.7

（四）必须设置失效安全型工作制动装置和安全制动装置，安全制动装置必须设置在驱动轮上。制动力应当为额定牵引力的1.5~3倍。每周至少检查1次闸瓦（片）磨损情况、闸瓦（片）与闸盘间隙及接触面积，不满足相关标准规定时，应当及时更换。

（五）各乘人站应当设上下人平台，路面应当进行防滑处理，并符合相关标准规定。乘人平台处钢丝绳距巷道壁不小于1m。

（六）架空乘人装置必须装设超速、打滑、全程急停、防脱绳、变坡点防掉绳、张紧力下降、张紧行程限位、防反转、越位等保护，安全保护装置发生保护动作后，应当声光报警并安全制动，需经现场核查，确认故障排除后，方可人工复位、重新启动。

驱动轮和尾轮应当有断轴保护措施。

减速器应当设置油温检测装置，当油温异常时能发出报警信号。沿线应当设置延时启动声光预警信号。各上下人地点应当设置信号通信装置。

（七）倾斜巷道中架空乘人装置与轨道提升系统同巷布置时，必须设置电气闭锁，2种设备不得同时运行。架空乘人装置运行时，倾斜井巷中的挡车栏应当处于常开状态。

倾斜巷道中架空乘人装置与带式输送机同巷布置时，必须采取可靠的隔离措施。

（八）巷道应当设置照明。

（九）每日至少对整个装置进行1次检查，每年至少对整个装置进行1次安全检测检验。

（十）严禁同时运送携带爆炸物品的人员。

第四百一十九条 严禁采用插爪式、抱轨式斜井人车运送人员。

采用斜井（巷）卡轨乘人装置运送人员的，应当遵守下列规定：

（一）必须采用全程双侧卡轨装置，每组卡轨装置应当紧随轨道移动，在任何工况下均应当卡轨运行。

（二）必须设置失效安全型制动装置。断绳时，制动装置既能自动发生作用，也能人工操纵。

（三）组列运行的车厢间应当采用硬连接加保护链的连接方式，连接应当具备止脱措施。头车、尾车应当具备制动功能。

（四）必须设置使跟车工在运行途中任何地点都能发送紧急停车信号的装置。

（五）多水平运输时，从各水平发出的信

号必须有区别。

（六）人员上下地点应当悬挂信号牌。任一区段行车时，各水平必须有信号显示。

（七）应当有跟车工，跟车工必须坐在设有手动制动装置把手的位置。

（八）每班运送人员前，必须检查人车的连接装置、保险链和制动装置，并先空载运行1次。

（九）应当每班进行1次手动落闸试验、每月进行1次静止松绳落闸试验、每年进行1次重载全速脱钩试验和安全检测检验。

第四百二十条 采用平巷人车运送人员时，必须遵守下列规定：

（一）每班发车前，应当检查各车的连接装置、轮轴、车门（防护链）和车闸等。

（二）严禁同时运送易燃易爆或者腐蚀性的物品，或者附挂物料车。

（三）列车行驶速度不得超过4m/s。

（四）人员上下车地点应当有照明，架空

线必须设置分段开关或者自动停送电开关，人员上下车时必须切断该区段架空线电源。

（五）双轨巷道乘车场必须设置信号区间闭锁，人员上下车时，严禁其他车辆进入乘车场。

（六）应当设跟车工，遇有紧急情况时立即向司机发出停车信号。

（七）两车在车场会车时，驶入车辆应当停止运行，让驶出车辆先行。

第四百二十一条　人员乘坐人车时，必须遵守下列规定：

（一）听从司机及跟车工的指挥，开车前必须关闭车门或者挂上防护链。

（二）人体及所携带的工具、零部件，严禁露出车外。

（三）列车行驶中及尚未停稳时，严禁上下车和在车内站立。

（四）严禁在机车上或者任意 2 车厢之间搭乘。

（五）严禁扒车、跳车和超员乘坐。

第四百二十二条 倾斜井巷内使用串车提升时，必须遵守下列规定：

（一）在倾斜井巷内安设能够将运行中断绳、脱钩的车辆阻止住的跑车防护装置。

（二）在各车场安设能够防止带绳车辆误入非运行车场或者区段的阻车器。

（三）在上部平车场入口安设能够控制车辆进入摘挂钩地点的阻车器。

（四）在上部平车场接近变坡点处，安设能够阻止未连挂的车辆滑入斜巷的阻车器。

（五）在变坡点下方略大于 1 列车长度的地点，设置能够防止未连挂的车辆继续往下跑车的挡车栏。

上述挡车装置必须经常关闭，放车时方准打开。兼作行驶人车的倾斜井巷，在提升人员时，倾斜井巷中的挡车装置和跑车防护装置必须是常开状态并闭锁。

第四百二十三条 倾斜井巷使用提升机或

者绞车提升时，必须遵守下列规定：

（一）采取轨道防滑措施。

（二）按照设计要求设置托绳轮（辊），并保持转动灵活。

（三）井巷上端的过卷距离，应当根据巷道倾角、设计载荷、最大提升速度和实际制动力等参量计算确定，并有 1.5 倍的备用系数。

（四）串车提升的各车场设有信号硐室及躲避硐；运人斜井各车场设有信号和候车硐室，候车硐室具有足够的空间。

（五）提升信号参照本规程第四百三十九条和第四百四十条规定。

（六）运送物料时，开车前把钩工必须检查牵引车数、各车的连接和装载情况。牵引车数超过规定，连接不良，装载物料超重、超高、超宽或者偏载严重有翻车危险时，严禁发出开车信号。

（七）提升时严禁蹬钩、行人。

第四百二十四条 人力推车必须遵守下列

规定：

（一）1次只准推1辆车。严禁在矿车两侧推车。同向推车的间距，在轨道坡度小于或者等于5‰时，不得小于10m；坡度大于5‰时，不得小于30m。

（二）在开始推车、停车、掉道、发现前方有人或者有障碍物，从坡度较大的地方向下推车以及接近道岔、弯道、巷道口、风门、硐室出口时，推车人必须及时发出警号。

（三）严禁放飞车和在巷道坡度大于7‰时人力推车。

（四）不得在能自动滑行的坡道上停放车辆，确需停放时必须用可靠的制动器或者阻车器将车辆稳住。

第四百二十五条　使用的单轨吊车、卡轨车、齿轨车、胶套轮车、无极绳连续牵引车，应当符合下列要求：

（一）运行坡度、速度和载重，不得超过设计规定值。

（二）安全制动和停车制动装置必须为失效安全型，制动力应当为额定牵引力的1.5~2倍。

（三）必须设置既可以手动又能自动的安全闸。安全闸应当具备下列性能：

1. 绳牵引式运输设备运行速度超过额定速度30%时，其他设备运行速度超过额定速度15%时，能自动施闸；施闸时的空动时间不大于0.7s。

2. 在最大载荷最大坡度上以最大设计速度向下运行时，制动距离应当不超过相当于在这一速度下6s的行程。

3. 在最小载荷最大坡度上向上运行时，制动减速度不大于$5m/s^2$。

（四）胶套轮材料与钢轨的摩擦系数，不得小于0.4。

（五）柴油机和蓄电池单轨吊车、齿轨车、胶套轮车的牵引机车和头车上，必须设置车灯和喇叭，列车的尾部必须设置红灯。

（六）柴油机和蓄电池单轨吊车，必须具

备2路以上相对独立回油的制动系统，必须设置超速保护装置。司机应当配备通信装置。

（七）无极绳连续牵引车、绳牵引卡轨车、绳牵引单轨吊车，还应当符合下列要求：

1. 必须设置越位、超速、张紧力下降等保护。

2. 必须设置司机与相关岗位工之间的信号联络装置；设有跟车工时，必须设置跟车工与牵引绞车司机联络用的信号和通信装置。在驱动部、各车场，应当设置行车报警和信号装置。

3. 运送人员时，必须设置卡轨或者护轨装置，采用具有制动功能的专用乘人装置，必须设置跟车工。制动装置必须定期试验。

4. 运行时绳道内严禁有人。

5. 车辆脱轨后复轨时，必须先释放牵引钢丝绳的弹性张力。人员严禁在脱轨车辆的前方或者后方工作。

第四百二十六条 采用单轨吊车运输时，

应当遵守下列规定：

（一）柴油机单轨吊车和钢丝绳单轨吊车运行巷道坡度不大于 25°；气动单轨吊车不大于 20°；铅酸蓄电池单轨吊车不大于 15°；锂电池单轨吊车运行巷道坡度大于 15°时，工作制动力应当满足相关标准规定，并制定专项安全措施，但不得大于 25°。

（二）必须根据起吊重物的最大载荷设计起吊梁和吊挂轨道，其安装与铺设应当保证单轨吊车的安全运行。

（三）起吊或者下放设备、材料时，人员严禁在起吊梁两侧；机车过风门、道岔、弯道时，必须确认安全，方可缓慢通过。

（四）采用柴油机、蓄电池单轨吊车运送人员时，必须使用人车车厢；两端必须设置制动装置，两侧必须设置防护装置。

（五）采用钢丝绳牵引单轨吊车运输时，严禁在巷道弯道内侧设置人行道。

（六）单轨吊车的检修工作应当在平巷内

进行。若必须在斜巷内处理故障时,应当制定安全措施。

(七)有防止淋水侵蚀轨道的措施。

(八)应当具备定位功能。

第四百二十七条 采用无轨胶轮车运输时,应当遵守下列规定:

(一)严禁非防爆、不完好无轨胶轮车下井运行。

(二)驾驶员持有"中华人民共和国机动车驾驶证"。

(三)建立无轨胶轮车入井运行和检查制度。

(四)设置工作制动、紧急制动和停车制动,工作制动必须采用湿式制动器。

(五)必须设置车前照明灯和尾部红色信号灯,配备灭火器和警示牌。

(六)运行中应当符合下列要求:

1. 运送人员必须使用专用人车,严禁超员。

2. 运行速度,运人时不超过 25km/h,运送物料时不超过40km/h。

3. 同向行驶车辆必须保持不小于50m的安全运行距离。

4. 严禁车辆空挡和熄火滑行。

5. 应当设置随车通信系统或者车辆位置监测系统。

6. 严禁进入微风、无风区域。

（七）巷道路面、坡度、质量，应当满足车辆安全运行要求。

（八）巷道和路面应当设置行车标识和交通管控信号。

（九）长坡段巷道内必须采取车辆失速安全措施。

（十）巷道转弯处应当设置防撞装置。人员躲避硐室、车辆躲避硐室附近应当设置标识。

（十一）井下行驶特殊车辆或者运送超长、超宽物料时，必须制定安全措施。

（十二）使用中的无轨胶轮车，应当每周对制动效果进行1次试验，每月对液压油路系统进行 1 次检查，每年对无轨胶轮车进行 1 次安全检测检验。

第二节　立井提升

第四百二十八条　立井井口必须用栅栏或者金属网围住，进出口设置栅栏门。井筒与各水平的连接处必须设栅栏。栅栏门只准在通过人员或者车辆时打开。

立井井筒与各水平车场的连接处，必须设专用的人行道，严禁人员通过提升间。

罐笼提升的立井井口和井底、井筒与各水平的连接处，必须设置阻车器。

第四百二十九条　立井提升容器和载荷，必须符合下列要求：

（一）立井中升降人员应当使用罐笼。在井筒内作业或者因其他原因，需要使用箕斗或者救急罐升降人员时，必须制定安全措施。

（二）升降人员或者升降人员和物料的单绳提升罐笼必须装设可靠的防坠器。

（三）罐笼和箕斗的最大提升载荷和最大提升载荷差应当在井口公布，严禁超载和超最大载荷差运行。

（四）箕斗提升必须采用定重装载。

第四百三十条 专为升降人员和升降人员与物料的罐笼，必须符合下列要求：

（一）乘人层顶部应当设置可以打开的铁盖或者铁门，两侧装设扶手。

（二）罐底必须满铺钢板，如果需要设孔时，必须设置牢固可靠的门；两侧用钢板挡严，并不得有孔。

（三）进出口必须装设罐门或者罐帘，高度不得小于1.2m。罐门或者罐帘下部边缘至罐底的距离不得超过250mm，罐帘横杆的间距不得大于200mm。罐门不得向外开，门轴必须防脱。

（四）提升矿车的罐笼内必须装有阻车器。升降无轨胶轮车时，必须设置专用定车或者锁车装置。

（五）单层罐笼和多层罐笼的最上层净高

(带弹簧的主拉杆除外)不得小于1.9m,其他各层净高不得小于1.8m。带弹簧的主拉杆必须设保护套筒。

(六)罐笼内每人占有的有效面积应当不小于$0.18m^2$。罐笼每层内1次能容纳的人数应当明确规定。超过规定人数时,把钩工必须制止。

(七)严禁在罐笼同一层内人员和物料混合提升。升降无轨胶轮车时,仅限司机一人留在车内,且按照提升人员要求运行。

第四百三十一条 立井罐笼提升井口、井底和各水平的安全门与罐笼位置、摇台或者锁罐装置、阻车器之间的联锁,必须符合下列要求:

(一)井口、井底和中间运输巷的安全门必须与罐位和提升信号联锁:罐笼到位并发出停车信号后安全门才能打开;安全门未关闭,只能发出调平和换层信号,但发不出开车信号;安全门关闭后才能发出开车信号;发出开车信号后,安全门不能打开。

（二）井口、井底和中间运输巷都应当设置摇台或者锁罐装置，并与罐笼停止位置、阻车器和提升信号系统联锁：罐笼未到位，放不下摇台或者锁罐装置，打不开阻车器；摇台或者锁罐装置未抬起，阻车器未关闭，发不出开车信号。

（三）立井井口和井底使用罐座时，必须设置闭锁装置，罐座未打开，发不出开车信号。升降人员时，严禁使用罐座。

第四百三十二条 提升容器的罐耳与罐道之间的间隙，应当符合下列要求：

（一）安装时，罐耳与罐道之间所留间隙应当符合下列要求：

1. 使用滑动罐耳的刚性罐道每侧不得超过5mm，木罐道每侧不得超过10mm。

2. 钢丝绳罐道的罐耳滑套直径与钢丝绳直径之差不得大于5mm。

3. 采用滚轮罐耳的矩形钢罐道的辅助滑动罐耳，每侧间隙应当保持10~15mm。

（二）使用时，罐耳和罐道的磨损量或者总间隙达到下列限值时，必须更换：

1. 木罐道任一侧磨损量超过15mm或者总间隙超过40mm。

2. 钢轨罐道轨头任一侧磨损量超过8mm，或者轨腰磨损量超过原有厚度的25%；罐耳的任一侧磨损量超过8mm，或者在同一侧罐耳和罐道的总磨损量超过10mm，或者罐耳与罐道的总间隙超过20mm。

3. 矩形钢罐道任一侧的磨损量超过原有厚度的50%。

4. 钢丝绳罐道与滑套的总间隙超过15mm。

第四百三十三条 立井提升容器间及提升容器与井壁、罐道梁、井梁之间的最小间隙，必须符合表8要求。

提升容器在安装或者检修后，第一次开车前必须检查各个间隙，不符合要求时不得开车。

采用钢丝绳罐道，当提升容器之间的间隙小于表8要求时，必须设防撞绳。

表 8　立井提升容器间及提升容器与井壁、罐道梁、井梁间的最小间隙　mm

罐道和 井梁布置		容器与 容器之间	容器与 井壁之间	容器与罐 道梁之间	容器与 井梁之间	备注
罐道布置在容器一侧		200	150	40	150	罐耳与罐道卡子之间为 20
罐道布置 在容器两侧	木罐道	200	200	50	200	有卸载滑轮的容器，滑轮与罐道梁间隙增加 25
	钢罐道	200	150	40	150	
罐道布置 在容器正面	木罐道	200	200	50	200	
	钢罐道	200	150	40	150	
钢丝绳罐道		500	350		350	设防撞绳时，容器之间最小间隙为 200

第四百三十四条 钢丝绳罐道应当优先选用密封式钢丝绳。

每个提升容器（平衡锤）有 4 根罐道绳时，每根罐道绳的最小刚性系数不得小于 500N/m，各罐道绳张紧力之差不得小于平均张紧力的 5%，内侧张紧力大，外侧张紧力小。

每个提升容器（平衡锤）有 2 根罐道绳时，每根罐道绳的刚性系数不得小于 1000N/m，各罐道绳的张紧力应当相等。单绳提升的 2 根主提升钢丝绳必须采用同一捻向或者阻旋转钢丝绳。

第四百三十五条 应当每年检查 1 次金属井架、井筒罐道梁和其他装备的固定和锈蚀情况，发现松动及时加固，发现防腐层剥落及时补刷防腐剂。检查和处理结果应当详细记录。

建井用金属井架，每次移设后都应当涂防腐剂。

第四百三十六条 提升系统各部分每天必

须由专职人员至少检查1次，每月还必须组织有关人员至少进行1次全面检查。

检查中发现问题，必须立即处理，检查和处理结果都应当详细记录。

第四百三十七条 检修人员站在罐笼或者箕斗顶上工作时，必须遵守下列规定：

（一）在罐笼或者箕斗顶上，必须装设保险伞和栏杆。

（二）必须系好保险带。

（三）提升容器的速度，一般为0.3~0.5 m/s，最大不得超过2m/s。

（四）检修用信号必须安全可靠。

第四百三十八条 罐笼提升的井口和井底车场必须有把钩工。

人员上下井时，必须遵守乘罐制度，听从把钩工指挥。开车信号发出后严禁进出罐笼。

第四百三十九条 每一提升装置，必须装有从井底信号工发给井口信号工和从井口信号工发给司机的信号装置。井口信号装置必须与提升机的控制回路相闭锁，只有在井口信号工发出信号后，提升机才能启动。除常用的信号装置外，还必须有备用信号装置。井底车场与井口之间、井口与司机操控台之间，除有上述信号装置外，还必须装设直通电话。

1套提升装置服务多个水平时，从各水平发出的信号必须有区别。

第四百四十条 井底车场的信号必须经由井口信号工转发，不得越过井口信号工直接向提升机司机发送开车信号；但有下列情况之一时，不受此限：

（一）发送紧急停车信号。

（二）箕斗提升。

（三）单容器提升。

（四）井上下信号联锁的自动化提升系统。

第四百四十一条 用多层罐笼升降人员或者物料时，井上、下各层出车平台都必须设有信号工。各信号工发送信号时，必须遵守下列规定：

（一）井下各水平的总信号工收齐该水平各层信号工的信号后，方可向井口总信号工发出信号。

（二）井口总信号工收齐井口各层信号工信号并接到井下水平总信号工信号后，才可以向提升机司机发出信号。

信号系统必须设有保证按照上述顺序发出信号的闭锁装置。

第四百四十二条 在提升速度大于 3m/s 的提升系统内，必须设防撞梁和托罐装置。防撞梁必须能够挡住过卷后上升的容器或者平衡锤，并不得兼作他用；托罐装置必须能够将撞击防撞梁后再下落的容器或者配重托住，并保证其下落的距离不超过 0.5m。

第四百四十三条 立井提升装置的过卷和过放应当符合下列要求：

（一）罐笼和箕斗提升，过卷和过放距离不得小于表 9 所列数值。

表9 立井提升装置的过卷和过放距离

提升速度*/ (m·s^{-1})	≤3	4	6	8	≥10
过卷、过放距离/m	4.0	4.75	6.5	8.25	≥10.0

*提升速度为表9中所列速度的中间值时,用插值法计算。

(二)在过卷和过放距离内,应当安设性能可靠的缓冲装置。缓冲装置应当能将全速过卷(过放)的容器或者平衡锤平稳地停住,并保证不再反向下滑或者反弹。

(三)过放距离内不得积水和堆积杂物。

(四)缓冲托罐装置必须每年至少进行1次检查和保养。

第三节 钢丝绳和连接装置

第四百四十四条 各种用途钢丝绳的安全系数,必须符合下列要求:

(一)各种用途钢丝绳悬挂时的安全系数,必须符合表10的要求。

表10 钢丝绳安全系数最小值

用途分类			安全系数*的最小值
缠绕式提升装置	专为升降人员		9
	升降人员和物料	升降人员时	9
		混合提升时**	9
		升降物料时	7.5
	专为升降物料		6.5
摩擦式提升装置	专为升降人员		$9.2-0.0005H$***
	升降人员和物料	升降人员时	$9.2-0.0005H$
		混合提升时	$9.2-0.0005H$
		升降物料时	$8.2-0.0005H$
	专为升降物料		$7.2-0.0005H$
钢丝绳牵引带式输送机	运人		$6.5-0.001L$**** 但不得小于6
	运物		$5-0.001L$ 但不得小于4
无极绳绞车	运人		$6.5-0.001L$ 但不得小于6
	运物		$5-0.001L$ 但不得小于3.5

续表

用途分类	安全系数*的最小值
架空乘人装置	6
罐道绳、防撞绳、起重用的钢丝绳	6
张紧装置用钢丝绳	5
防坠器的制动绳和缓冲绳（按照动载荷计算）	3

*钢丝绳的安全系数,等于实测的合格钢丝拉断力的总和与其所承受的最大静拉力（包括绳端载荷和钢丝绳自重所引起的静拉力）之比。

**混合提升指多层罐笼同一次在不同层内提升人员和物料。

*** H 为钢丝绳悬挂长度,m。

**** L 为由驱动轮到尾部绳轮的长度,m。

（二）在用缠绕式提升钢丝绳在定期检验时,安全系数小于下列规定值时,应当及时更换：

1. 专为升降人员用的,小于7。

2. 升降人员和物料用的,升降人员时小于7,升降物料时小于6。

3. 专为升降物料和悬挂吊盘用的,小于5。

第四百四十五条 各种用途钢丝绳的韧性指标，必须符合表 11 的要求。

表 11 不同钢丝绳的韧性指标

钢丝绳用途	钢丝绳种类	钢丝韧性指标下限 新绳	钢丝韧性指标下限 在用绳	说明
升降人员或者升降人员和物料	光面	MT/T 716 中光面钢丝韧性指标	新绳的 90%	在用绳按照 MT/T 717 标准（面接触绳除外）
升降人员或者升降人员和物料	镀锌	MT/T 716 中钢丝韧性指标	AB 类：新绳的 85% B 类：新绳的 90%	在用绳按照 MT/T 717 标准（面接触绳除外）
升降人员或者升降人员和物料	压实股	MT/T 716 中钢丝韧性指标	新绳的 90%	在用绳按照 MT/T 717 标准（面接触绳除外）
升降物料	光面	MT/T 716 中光面钢丝韧性指标	新绳的 80%	在用绳按照 MT/T 717 标准（面接触绳除外）
升降物料	镀锌	MT/T 716 中 A 类镀锌钢丝韧性指标	新绳的 80%	在用绳按照 MT/T 717 标准（面接触绳除外）
升降物料	压实股	MT/T 716 中钢丝韧性指标	新绳的 80%	在用绳按照 MT/T 717 标准（面接触绳除外）

续表

钢丝绳用途	钢丝绳种类	钢丝韧性指标下限		说明
		新绳	在用绳	
罐道绳	密封	YB/T 5295 中钢丝韧性指标	新绳的 90%	按照 YB/T 5295 标准

第四百四十六条 新钢丝绳的使用与管理，必须遵守下列规定：

（一）钢丝绳到货后，应当进行性能检验。合格后应当妥善保管备用，防止损坏或者锈蚀。

（二）每根钢丝绳的出厂合格证、验收检验报告等原始资料应当保存完整。

（三）钢丝绳悬挂前，必须对每根钢丝做拉断、弯曲和扭转 3 种试验，以公称直径为准对试验结果进行计算和判定：

1. 不合格钢丝的断面积与钢丝总断面积之比达到 6%，不得用作升降人员；达到 10%，不得用作升降物料。

2. 钢丝绳的安全系数小于本规程第四百四十四条的规定时,该钢丝绳不得使用。

(四) 主要提升装置必须有检验合格的备用钢丝绳。

(五) 专用于斜井提升物料且直径不大于 18mm 的钢丝绳,有产品合格证和检测检验报告等,外观检查无锈蚀和损伤的,可以不进行(一) 所要求的检验。

第四百四十七条 在用钢丝绳的检验、检查与维护,应当遵守下列规定:

(一) 升降人员或者升降人员和物料用的缠绕式提升钢丝绳,自悬挂使用后每 6 个月进行 1 次性能检验;悬挂吊盘的钢丝绳,每 12 个月检验 1 次。

(二) 升降物料用的缠绕式提升钢丝绳,悬挂使用 12 个月内必须进行第一次性能检验,以后每 6 个月检验 1 次。

(三) 缠绕式提升钢丝绳的定期检验,可以只做每根钢丝的拉断和弯曲 2 种试验。试验结果，以公称直径为准进行计算和判定。出现下列情况的钢丝绳，必须停止使用：

1. 不合格钢丝的断面积与钢丝总断面积之比达到25%时。

2. 钢丝绳的安全系数小于本规程第四百四十四条规定时。

（四）摩擦式提升钢丝绳、架空乘人装置钢丝绳、平衡钢丝绳以及专用于斜井提升物料且直径不大于18mm的钢丝绳，不受（一）、（二）限制。

（五）提升钢丝绳必须每天检查1次，平衡钢丝绳、罐道绳、防坠器制动绳（包括缓冲绳）、架空乘人装置钢丝绳、钢丝绳牵引带式输送机钢丝绳和井筒悬吊钢丝绳必须每周至少检查1次。对易损坏和断丝或者锈蚀较多的一段应当停车详细检查。断丝的突出部分应当在检查时剪下。检查结果应当记录、存档。

（六）对使用中的钢丝绳，应当根据井巷条件及锈蚀情况，采取防腐措施。摩擦提升钢丝绳的摩擦传动段应当涂、浸专用的钢丝绳增摩脂。

（七）平衡钢丝绳的长度必须与提升容器过卷高度相适应，防止过卷时损坏平衡钢丝绳。使用圆形平衡钢丝绳时，必须有避免平衡钢丝绳扭结的装置。

（八）严禁平衡钢丝绳浸泡水中。

（九）多绳提升的任意一根钢丝绳的张力与平均张力之差不得超过±10%。

（十）大型以上矿井的提升系统应当采用无损探伤与人工检测相结合的方式，对钢丝绳进行综合检查。

第四百四十八条 钢丝绳的报废和更换，应当遵守下列规定：

（一）钢丝绳的报废类型、内容及标准应当符合表12的要求。达到其中一项的，必须报废。

（二）更换摩擦式提升机钢丝绳时，必须同时更换全部钢丝绳。

表12　钢丝绳的报废类型、内容及标准

项目	钢丝绳类别		报废标准	说明
使用期限	摩擦式提升机	提升钢丝绳	2年	如果钢丝绳的断丝、直径缩小和锈蚀程度不超过本表断丝、直径缩小、锈蚀类型的规定，可以继续使用1年。如果经无损探伤等手段综合检查，钢丝绳仍能满足安全使用条件的，可以再延长使用，并应当制定专项措施，由煤矿企业技术负责人审批
		平衡钢丝绳	4年	
断丝	升降人员或者升降人员和物料用钢丝绳		5%	各种股捻钢丝绳在1个捻距内断丝断面积与钢丝总断面积之比
	专为升降物料用的钢丝绳、平衡钢丝绳、防坠器的制动钢丝绳（包括缓冲绳）、兼作运人的钢丝绳牵引带式输送机的钢丝绳和架空乘人装置的钢丝绳		10%	

续表

项目	钢丝绳类别	报废标准	说明
断丝	罐道钢丝绳	15%	各种股捻钢丝绳在1个捻距内断丝断面积与钢丝总断面积之比
	无极绳运输和专为运物料的钢丝绳牵引带式输送机用的钢丝绳	25%	
直径缩小	提升钢丝绳、架空乘人装置钢丝绳、制动钢丝绳	6%	1. 以钢丝绳公称直径为准计算的直径减小量 2. 使用密封式钢丝绳时，外层钢丝厚度磨损量达到50%时，应当更换
	罐道钢丝绳	15%	
锈蚀	各类钢丝绳		1. 钢丝出现变黑、皮、点蚀麻坑等损伤时，不得再用作升降人员 2. 钢丝绳锈蚀严重，或者点蚀麻坑形成沟纹，或者外层钢丝松动时，不论断丝数多少或者绳径是否变化，应当立即更换

第四百四十九条 钢丝绳在运行中遭受到卡罐、突然停车等猛烈拉力时，必须立即停车检查，发现下列情况之一者，必须将受损段剁掉或者更换全绳：

（一）钢丝绳产生严重扭曲或者变形。

（二）断丝超过本规程第四百四十八条的规定。

（三）直径缩小量超过本规程第四百四十八条的规定。

（四）遭受猛烈拉力段的长度伸长率达0.5%以上。

在钢丝绳使用期间，断丝数突然增加或者伸长突然加快，必须立即更换。

第四百五十条 有接头的钢丝绳，仅限于下列设备中使用：

（一）平巷运输设备。

（二）无极绳绞车。

（三）架空乘人装置。

（四）钢丝绳牵引带式输送机。

钢丝绳接头的插接长度不得小于钢丝绳直径的 1000 倍。

第四百五十一条 新安装或者大修后的防坠器，必须进行脱钩试验，合格后方可使用。对使用中的立井罐笼防坠器，应当每 6 个月进行 1 次不脱钩试验，每年进行 1 次脱钩试验。防坠器的各个连接和传动部分，必须处于灵活状态。

第四百五十二条 立井和斜井使用的连接装置的性能指标和投用前的试验，必须符合下列要求：

（一）各类连接装置的安全系数必须符合表 13 的要求。

表 13　各类连接装置的安全系数最小值

用　途		安全系数最小值
专门升降人员的提升容器连接装置		13
升降人员和物料的提升容器连接装置	升降人员时	13
	升降物料时	10

续表

用　途		安全系数最小值
专为升降物料的提升容器的连接装置		10
斜井人车的连接装置		13
矿车的车梁、碰头和连接插销		6
无极绳的连接装置		8
倾斜井巷中使用的单轨吊车、卡轨车和齿轨车的连接装置	运人时	13
	运物时	10

注：连接装置的安全系数等于主要受力部件的破断力与其所承受的最大静载荷之比。

（二）各种环链的安全系数，必须以曲梁理论计算的应力为准，并符合下列要求：

1. 按照材料屈服强度计算的安全系数，不小于2.5。

2. 按照模拟使用状态拉断力计算的安全系数，不小于13。

（三）各种连接装置主要受力件的冲击功必须符合下列要求：

1. 常温（15℃）下不小于100J。

2. 低温（-30℃）下不小于70J。

（四）各种保险链，以及矿车的连接环、链和插销等矿车连接装置，必须符合下列要求：

1. 批量生产的，必须做抽样拉断试验，不符合要求时不得使用。

2. 初次使用前，以及使用后每隔1年，必须逐个以2倍于其最大静荷重的拉力进行试验，发现裂纹或者永久伸长量超过0.2%时，不得使用。

（五）立井提升容器与提升钢丝绳的连接，应当采用楔形连接装置。每次更换钢丝绳前，必须对连接装置的主要受力部件进行探伤检验，合格后方可继续使用。楔形连接装置的累计使用期限：单绳提升不得超过10年；多绳提升不得超过15年。

（六）倾斜井巷运输时，矿车之间的连接、矿车与钢丝绳之间的连接，必须使用不能自行脱落的连接装置，并加装保险绳。

（七）倾斜井巷运输用的钢丝绳连接装置，

在每次更换钢丝绳前,必须用2倍于其最大静荷重的拉力进行试验。

(八) 特殊情况下,不能使用标准连接装置进行连接的,必须经过安全风险分析,安全系数必须满足表13的规定。

第四节 提升装置

第四百五十三条 提升装置的天轮、卷筒、摩擦轮、导向轮和导向滚等的最小直径与钢丝绳直径之比值,应当符合表14的要求。

表14 提升装置的天轮、卷筒、摩擦轮、导向轮和导向滚等的最小直径与钢丝绳直径之比值

用途		最小比值	说明
落地式摩擦提升装置的摩擦轮及天轮、围抱角大于180°的塔式摩擦提升装置的摩擦轮	井上	90	在这些提升装置中,如使用密封式提升钢丝绳,应当将各相应的比值增加20%
	井下	80	
围抱角为180°的塔式摩擦提升装置的摩擦轮	井上	80	
	井下	70	

续表

用途		最小比值	说明
摩擦提升装置的导向轮		80	在这些提升装置中，如使用密封式提升钢丝绳，应当将各相应的比值增加20%
地面缠绕式提升装置的卷筒和围抱角大于90°的天轮		80	
地面缠绕式提升装置围抱角小于90°的天轮		60	
井下缠绕式提升机的卷筒，井下架空乘人装置的驱动轮和尾轮、围抱角大于90°的天轮		60	
无极绳绞车的驱动轮		50	
井下缠绕式提升机和井下架空乘人装置围抱角小于90°的天轮		40	
斜井提升的游动天轮	围抱角大于60°	60	
	围抱角35°~60°	40	
	围抱角小于35°	20	
矸石山绞车的卷筒和天轮		50	
倾斜井巷提升机的游动轮、矸石山绞车的压绳轮以及无极绳运输的导向滚等		20	

第四百五十四条 各种提升装置的卷筒上缠绕的钢丝绳层数,必须符合下列要求:

(一)立井中升降人员或者升降人员和物料的不超过1层,专为升降物料的不超过2层。

(二)倾斜井巷中升降人员或者升降人员和物料的不超过2层,升降物料的不超过3层。

(三)现有生产矿井在用的绞车,如果在卷筒上装设过渡绳楔,卷筒强度满足要求且卷筒边缘高度符合本规程第四百五十五条要求,可以按照本条(一)、(二)所规定的层数增加1层。

(四)移动式或者辅助性专为升降物料的(包括矸石山和向天桥上提升等),不受本条(一)、(二)的限制。

第四百五十五条 缠绕2层或者2层以上钢丝绳的卷筒,必须符合下列要求:

(一)卷筒边缘高出最外层钢丝绳的高度,至少为钢丝绳直径的2.5倍。

(二)卷筒上必须设有带绳槽的衬垫。

(三)钢丝绳由下层转到上层的临界段

（相当于绳圈 1/4 长的部分）必须经常检查，并每季度将钢丝绳移动 1/4 绳圈的位置。

对现有不带绳槽衬垫的在用提升机，只要在卷筒板上刻有绳槽或者用 1 层钢丝绳作底绳，可以继续使用。

第四百五十六条 钢丝绳绳头固定在卷筒上时，应当符合下列要求：

（一）必须有特备的容绳或者卡绳装置，严禁系在卷筒轴上。

（二）绳孔不得有锐利的边缘，钢丝绳的弯曲不得形成锐角。

（三）卷筒上应当缠留 3 圈绳，以减轻固定处的张力，还必须留有定期检验用绳。

第四百五十七条 通过天轮的钢丝绳必须低于天轮的边缘，其高差：提升用天轮不得小于钢丝绳直径的 1.5 倍，悬吊用天轮不得小于钢丝绳直径的 1 倍。

更换钢丝绳后，应当分析检查摩擦轮绳槽与钢丝绳的适配性。

天轮和摩擦轮绳槽衬垫磨损达到下列限值，必须更换：

（一）天轮绳槽衬垫磨损达到1根钢丝绳直径的深度，或者沿侧面磨损达到钢丝绳直径的1/2。

（二）摩擦轮绳槽衬垫磨损剩余厚度小于钢丝绳直径，绳槽磨损深度超过70mm。

第四百五十八条 矿井提升系统的加（减）速度和提升速度必须符合表15的要求。

表15 矿井提升系统的加（减）速度和提升速度值

项目	立井提升		斜井提升	
	升降人员	升降物料	串车提升	箕斗提升
加（减）速度/(m·s^{-2})	≤0.75		≤0.5	
提升速度/(m·s^{-1})	$v ≤ 0.5\sqrt{H}$，且不超过12	$v ≤ 0.6\sqrt{H}$	≤5	≤7；当铺设固定道床且钢轨≥38kg/m时，≤9

注：v—最大提升速度，m/s；H—提升高度，m。

第四百五十九条 提升装置必须按照下列要求装设安全保护：

（一）过卷和过放保护：当提升容器超过正常终端停止位置或者出车平台 0.5m 时，必须能自动断电，且使制动器实施安全制动。

（二）超速保护：当提升速度超过最大速度 15%时，必须能自动断电，且使制动器实施安全制动。

（三）过负荷和欠电压保护。

（四）限速保护：提升速度超过 3m/s 的提升机应当装设限速保护，以保证提升容器或者平衡锤到达终端位置时的速度不超过 2m/s。当减速段速度超过设定值的 10%时，必须能自动断电，且使制动器实施安全制动。

（五）提升容器位置指示保护：当位置指示失效时，能自动断电，且使制动器实施安全制动。

（六）闸瓦间隙保护：当闸瓦间隙超过规定值时，能报警并闭锁下次开车。

（七）松绳保护：缠绕式提升机应当设置松绳保护装置并接入安全回路或者报警回路。箕斗提升时，松绳保护装置动作后，严禁受煤仓放煤。

（八）滑绳保护：摩擦式提升机发生钢丝绳滑动时，能报警并闭锁下次开车。

（九）仓位超限保护：箕斗提升的井口煤仓仓位超限时，能报警并闭锁开车。

（十）减速功能保护：当提升容器或者平衡锤到达设计减速点时，能示警并开始减速。

（十一）错向运行保护：当发生错向运行时，能自动断电，且使制动器实施安全制动。

（十二）液压系统应当具备温度、压力等监测保护功能。

过卷保护、超速保护、限速保护和减速功能保护应当设置为相互独立的双线型式。

缠绕式提升机应当加设定车装置。

第四百六十条 提升机必须装设可靠的提升容器位置指示器、减速声光示警装置，必须设置机械制动和电气制动装置。

第四百六十一条 机械制动装置应当采用弹簧式，能实现工作制动和安全制动。

工作制动必须采用可调节的机械制动装置。

安全制动必须有并联冗余的回油通道。

双卷筒提升机每个卷筒的制动装置必须能够独立控制，并具有调绳功能。

第四百六十二条 提升机机械制动装置的性能，必须符合下列要求：

（一）制动闸空动时间：盘式制动装置不得超过0.3s，径向制动装置不得超过0.5s。

（二）盘形闸的闸瓦与闸盘之间的间隙不得超过2mm。

（三）制动力矩倍数必须符合下列要求：

1. 制动装置产生的制动力矩与实际提升最大载荷旋转力矩之比不得小于3。

2. 在调整双卷筒提升机卷筒旋转的相对位置时，制动装置在各卷筒闸轮上所产生的力矩，不得小于该卷筒所悬重量（钢丝绳重量与提升容器重量之和)形成的旋转力矩的1.2倍。

第四百六十三条 各类提升机的制动装置发生作用时,提升系统的安全制动减速度,必须符合下列要求:

(一)提升系统的安全制动减速度必须符合表16的要求。

表16 提升系统安全制动减速度规定值

减速度	$\theta \leqslant 30°$	$\theta > 30°$
提升减速度/ (m·s^{-2})	$\leqslant A_c^*$	$\leqslant 5$
下放减速度/ (m·s^{-2})	$\geqslant 0.75$	$\geqslant 1.5$

* $A_c = g(\sin\theta + f\cos\theta)$

式中 A_c——自然减速度,m/s^2;

g——重力加速度,m/s^2;

θ——井巷倾角,(°);

f——绳端载荷的运行阻力系数,一般取0.010~0.015。

(二)摩擦式提升机安全制动时,除必须符合表16的要求外,还必须符合下列防滑要求:

1. 在各种载荷(满载或者空载)和提升

状态（上提或者下放重物）下，制动装置所产生的制动减速度计算值不得超过滑动极限。钢丝绳与摩擦轮衬垫间摩擦系数的取值不得大于 0.25。由钢丝绳自重所引起的不平衡重必须计入。

2. 在各种载荷和提升状态下，制动装置发生作用时，钢丝绳都不出现滑动。

计算或者验算时，以本条（二）中的 1 为准；在用设备，以本条（二）中的 2 为准。

第四百六十四条 提升机操作必须遵守下列规定：

（一）主要提升装置应当配有正、副司机。自动化运行的专用于提升物料的箕斗提升机，可以不配备司机值守，但应当设视频监视、载荷监测，并定时巡检。

（二）升降人员的主要提升装置在交接班升降人员的时间内，全程采用手动操作的，必须正司机操作，副司机监护。实现自动化运行的，运送人员时，必须有人值守。

（三）每班升降人员前，应当先空载运行1次，检查提升机动作情况；但连续运转时，不受此限。

（四）如发生故障，必须立即停止提升机运行，并向矿调度室报告。

第四百六十五条　新安装的矿井提升机，必须验收合格后方可投入运行。专门升降人员及混合提升的系统应当每年进行1次安全检测检验，其他提升系统每3年进行1次安全检测检验，检测合格后方可继续使用。

第四百六十六条　提升装置管理必须具备下列资料，并妥善保管：

（一）提升机说明书。

（二）提升机总装配图。

（三）制动装置结构图和制动系统图。

（四）电气系统图。

（五）提升机、钢丝绳、天轮、提升容器、防坠器和罐道等的检查记录簿。

（六）钢丝绳的检验和更换记录簿。

（七）安全保护装置试验记录簿。

（八）故障记录簿。

（九）岗位责任制和设备完好标准。

（十）司机交接班记录簿或者巡检记录簿。

（十一）操作规程。

制动系统图、电气系统图、提升装置的技术特征和岗位责任制等应当悬挂在提升机房内。

第五节 空气压缩机

第四百六十七条 矿井应当在地面集中设置空气压缩机站。

在井下设置空气压缩设备时，应当遵守下列规定：

（一）应当采用螺杆式空气压缩机，严禁使用滑片式空气压缩机、活塞式空气压缩机。

（二）固定式空气压缩机和储气罐必须分别设置在2个独立硐室内，并保证独立通风。

（三）移动式空气压缩机必须设置在采用不燃性材料支护且具有新鲜风流的巷道中。

（四）应当设自动灭火装置。

运行时应当有人值守。实现自动化运行的，可以不配备专人值守，但应当设视频监视并定时巡检。

第四百六十八条 空气压缩机站设备必须符合下列要求：

（一）设有压力表和安全阀。压力表和安全阀应当定期校准。安全阀和压力调节器应当动作可靠，安全阀动作压力不得超过额定压力的1.1倍。

（二）压缩腔需要油润滑的空气压缩机，应当使用闪点不低于215℃的压缩机油。

（三）使用油润滑的空气压缩机必须装设断油保护装置或者断油信号显示装置。水冷式空气压缩机必须装设断水保护装置或者断水信号显示装置。

保护装置动作后应当能自动报警并停机。

第四百六十九条 空气压缩机站的储气罐必须符合下列要求：

（一）储气罐上装有动作可靠的安全阀和放水阀，并有检查孔。定期清除风包内的油垢。

（二）新安装或者检修后的储气罐，应当用1.5倍空气压缩机工作压力做水压试验。

（三）在储气罐出口管路上必须加装释压阀，其口径不得小于出风管的直径，释放压力应当为空气压缩机最高工作压力的1.25~1.4倍。

（四）避免阳光直晒地面空气压缩机站的储气罐。

第四百七十条 空气压缩设备的保护，必须遵守下列规定：

（一）螺杆式空气压缩机的排气温度不得超过120℃，离心式空气压缩机的排气温度不得超过130℃。必须装设温度保护装置，在超温时能自动切断电源并报警。

（二）储气罐内的温度应当保持在120℃以下，并装有超温保护装置，在超温时能自动切断电源并报警。

第十二章 电　气

第一节　一般规定

第四百七十一条　煤矿地面、井下各种电气设备和电力系统的设计、选型、安装、验收、运行、检修、试验等必须按照本规程执行。

煤矿的联合建筑、井口房、通风机房、变电所、提升机房、地面泵房、矿灯房、充电站、冻结站、更衣室等处的电气设备必须遵守国家有关电气安全的法律、法规和国家标准或者行业标准。

联合建筑内的电缆敷设在有可燃物的闷顶、吊顶内时，应当采取穿金属导管、采用封闭式金属槽盒等防火保护措施。禁止将电缆缠绕、绑扎、搭挂、固定在金属管道或者金属构件上。

电气线路应当定期维护检查。

第四百七十二条　矿井应当有两回路电源线路（即来自两个不同变电站或者来自不同电

源进线的同一变电站的两段母线)。当任一回路发生故障停止供电时,另一回路应当满足矿井全部一级负荷、二级负荷电力需求。

矿井应当制定供电线路检修或者出现故障情况下的应急预案,保证突发紧急情况时,井下人员安全撤离的需要。

矿井的两回路电源线路上都不得分接任何负荷。

正常情况下,矿井电源应当采用分列运行方式。若一回路运行,另一回路必须带电备用。带电备用电源的变压器可以热备用;若冷备用,备用电源必须能及时投入,保证主要通风机在10min内启动和运行。

10kV及以下的矿井架空电源线路不得共杆架设。

矿井电源线路上严禁装设负荷定量器等各种限电断电装置。

第四百七十三条 矿井供电电能质量应当符合国家有关规定;电力电子设备或者变流设

备的电磁兼容性应当符合国家标准、规范要求。

电气设备不应超过额定值运行。

井下防爆电气设备变更额定值使用或者进行技术改造时，必须经安全评估或者检测检验合格后，方可投入运行。

第四百七十四条 对井下各水平中央变(配)电所和采(盘)区变(配)电所、主排水泵房和下山开采的采区排水泵房供电线路，不得少于两回路。当任一回路停止供电时，其余回路应当承担全部用电负荷。向局部通风机供电的井下变(配)电所应当采用分列运行方式。

主要通风机、提升人员的提升机、抽采瓦斯泵、地面安全监控中心等主要设备房，应当各有两回路直接由变(配)电所馈出的供电线路；受条件限制时，其中的一回路可以引自上述设备房的配电装置。

向突出矿井自救系统供风的压风机、井下移动瓦斯抽采泵应当各有两回路直接由变(配)电所馈出的供电线路。

本条上述供电线路应当来自不同的变压器或者母线段，线路上不应分接任何负荷。

本条上述设备的控制回路和辅助设备，必须有与主要设备同等可靠的备用电源。

向采区供电的同一电源线路上，串接的采区变电所数量不得超过3个。

第四百七十五条 井下中央变电所、采（盘）区变电所应当设专人值班，无人值班的变电所必须关门加锁，并有巡检人员巡回检查。

实现地面集中监控并有视频监视的变电所可以不设专人值班，必须具备甲烷、一氧化碳、温度等监测功能，硐室必须关门加锁，并有巡检人员巡回检查。

第四百七十六条 严禁井下配电变压器中性点直接接地。

严禁由地面中性点直接接地的变压器或者发电机直接向井下供电。

第四百七十七条 选用井下电气设备必须符合表17的要求。

表 17 井下电气设备选型

设备类别	突出矿井和瓦斯喷出区域	井底车场、中央变电所、总进风巷 低瓦斯矿井	井底车场、中央变电所、总进风巷 高瓦斯矿井	高瓦斯矿井、低瓦斯矿井 翻车机硐室	高瓦斯矿井、低瓦斯矿井 采区进风巷	高瓦斯矿井、低瓦斯矿井 总回风巷、采区回风巷、采掘工作面进、回风巷
1. 高低压电机和电气设备	矿用防爆型（增安型除外）	矿用一般型	矿用防爆型	矿用防爆型	矿用防爆型	矿用防爆型（增安型除外）
2. 照明灯具	矿用防爆型（增安型除外）	矿用一般型	矿用防爆型	矿用防爆型	矿用防爆型	矿用防爆型（增安型除外）
3. 通信、自动控制的仪表、仪器	矿用防爆型（增安型除外）	矿用一般型	矿用防爆型	矿用防爆型	矿用防爆型	矿用防爆型（增安型除外）

注: 1. 使用架线电机车运输的巷道中及沿巷道的机电设备硐室内可以采用矿用一般型电气设备(包括照明灯具、通信、自动控制的仪表、仪器)。

2. 突出矿井井底车场内的主泵房内,可以使用矿用增安型电动机。

3. 矿井应当采用本质安全型矿灯。

4. 远距离传输的监测监控、通信信号应当采用本质安全型,动力载波信号除外。

5. 在爆炸性环境中使用的设备应当符合相应的保护级别。煤矿井下使用的非防爆便携式电气测量仪表,必须在甲烷浓度1.0%以下的地点使用,并实时监测使用环境的甲烷浓度。

6. 充电硐室内的电气设备必须采用矿用防爆型。

第四百七十八条 井下不得带电检修电气设备。严禁带电搬迁非本质安全型电气设备、电缆，采用电缆供电的移动式用电设备不受此限。

检修或者搬迁前，必须切断上级电源，检查瓦斯，在其巷道风流中甲烷浓度低于1.0%时，再用与电源电压相适应的验电笔检验；检验无电后，方可进行导体对地放电。开关把手在切断电源时必须闭锁，并悬挂"有人工作，不准送电"字样的警示牌，只有执行这项工作的人员才有权取下此牌送电。

第四百七十九条 操作电气设备应当遵守下列规定：

（一）非专职人员或者非值班电气人员不得操作电气设备。

（二）操作高压电气设备主回路时，操作人员必须戴绝缘手套，并穿电工绝缘靴或者站在绝缘台上。

（三）手持式电气设备的操作手柄和工作

中必须接触的部分必须有良好绝缘。

第四百八十条 容易碰到的、裸露的带电体及机械外露的转动和传动部分必须加装护罩或者遮栏等防护设施。

第四百八十一条 井下各级配电电压和各种电气设备的额定电压等级,应当符合下列要求:

(一) 高压不超过10000V。

(二) 低压不超过1140V。

(三) 照明和手持式电气设备的供电额定电压不超过127V。

(四) 远距离控制线路的额定电压不超过36V。

(五) 采掘工作面用电设备电压超过3300V时,必须制定专门的安全措施。

第四百八十二条 井下配电系统同时存在2种或者2种以上电压时,配电设备上应当明显地标出其电压额定值。

第四百八十三条 矿井必须备有井上、下

配电系统图,井下电气设备布置示意图和供电线路平面敷设示意图,并随着情况变化定期填绘。图中应当注明:

(一)电动机、变压器、配电设备等装设地点。

(二)设备的型号、容量、电压、电流等主要技术参数及其他技术性能指标。

(三)馈出线的短路、过负荷保护的整定值以及被保护干线和支线最远点两相短路电流值。

(四)线路电缆的用途、型号、电压、截面和长度。

(五)保护接地装置的安设地点。

第四百八十四条 防爆电气设备到矿验收时,应当检查产品合格证、煤矿矿用产品安全标志,并核查与安全标志审核的一致性。入井前,应当进行防爆检查,签发合格证后方准入井。

第二节 电气设备和保护

第四百八十五条 井下电力网的短路电流不得超过其控制用的断路器的开断能力，并校验电缆的热稳定性。

第四百八十六条 井下严禁使用油浸式电气设备。

40kW以上的电动机，应当采用真空电磁起动器控制。

第四百八十七条 井下高压电动机、动力变压器的高压控制设备，应当具有短路、过负荷、接地和欠压释放保护。井下由采区变电所、移动变电站或者配电点引出的馈电线上，必须具有短路、过负荷和漏电保护。低压电动机的控制设备，必须具备短路、过负荷、单相断线、漏电闭锁保护及远程控制功能。

第四百八十八条 井下配电网路（变压器馈出线路、电动机等）必须具有短路、过负荷保护装置；必须用该配电网路的最大三相短路电流校验开关设备的分断能力和动、热稳定性以及电缆的热稳定性。

必须用最小两相短路电流校验保护装置的可靠动作系数。保护装置必须保证配电网路中最大容量的电气设备或者同时工作成组的电气设备能够起动。

第四百八十九条 矿井6000V以上高压电网，必须采取措施限制单相接地电容电流，生产矿井不超过20A，新建矿井不超过10A。

井上、下变电所的高压馈电线上，必须具备有选择性的单相接地保护；向移动变电站和电动机供电的高压馈电线上，必须具有选择性的动作于跳闸的单相接地保护。

井下低压馈电线上，必须装设检漏保护装置或者有选择性的漏电保护装置，保证自动切断漏电的馈电线路。

每周必须对低压漏电保护进行1次跳闸试验。

煤电钻必须使用具有检漏、漏电闭锁、短

路、过负荷、断相和远距离控制功能的综合保护装置。每班使用前，必须对煤电钻综合保护装置进行1次跳闸试验。

突出矿井禁止使用煤电钻，煤层突出参数测定取样时不受此限。

第四百九十条 直接向井下供电的馈电线路上，严禁装设自动重合闸。手动合闸时，必须事先同井下联系。无人值守的井下变电所进行地面远程合闸时，应当通过供电监控、视频监视等方式确保具备送电条件。

第四百九十一条 井上、下必须装设防雷电装置，并遵守下列规定：

（一）经由地面架空线路引入井下的供电线路和电机车架线，必须在入井处装设防雷电装置。

（二）由地面直接入井的轨道、金属架构及露天架空引入（出）井的管路，必须在井口附近对金属体设置不少于2处的良好的集中接地。

第三节 井下机电设备硐室

第四百九十二条 永久性井下中央变电所和井底车场内的其他机电设备硐室,应当采用砌碹或者其他可靠的方式支护,采区变电所应当用不燃性材料支护。

硐室必须装设向外开的防火铁门。铁门全部敞开时,不得妨碍运输。铁门上应当装设便于关严的通风孔。装有铁门时,门内可以加设向外开的铁栅栏门,但不得妨碍铁门的开闭。

从硐室出口防火铁门起 5m 内的巷道,应当砌碹或者用其他不燃性材料支护。硐室内必须设置足够数量的扑灭电气火灾的灭火器材。

井下中央变电所和主要排水泵房的地面标高,应当分别比其出口与井底车场或者大巷连接处的底板标高高出 0.5m。

硐室不应有滴水。硐室的过道应当保持畅通,严禁存放无关的设备和物件。

第四百九十三条 采掘工作面配电点的位

置和空间必须满足设备安装、拆除、检修和运输等要求,并采用不燃性材料支护。

第四百九十四条 变电硐室长度超过 6m 时,必须在硐室的两端各设 1 个出口。

第四百九十五条 硐室内各种设备与墙壁之间应当留出 0.5m 以上的通道,各种设备之间留出 0.8m 以上的通道。对不需从两侧或者后面进行检修的设备,可以不留通道。

第四百九十六条 硐室入口处必须悬挂"非工作人员禁止入内"警示牌。硐室内必须悬挂与实际相符的供电系统图。硐室内有高压电气设备时,入口处和硐室内必须醒目悬挂"高压危险"警示牌。

硐室内的设备,必须分别编号,标明用途,并有停送电的标志。

第四节 输电线路及电缆

第四百九十七条 地面固定式架空高压电力线路应当符合下列要求:

（一）在开采沉陷区架设线路时，两回电源线路之间有足够的安全距离，并采取必要的安全措施。

（二）架空线不得跨越易燃、易爆物的仓储区域，与地面、建筑物、树木、道路、河流及其他架空线等间距应当符合国家有关规定。

（三）在多雷区的主要通风机房、地面瓦斯抽采泵站的架空线路应当有全线避雷设施。

（四）架空线路、杆塔或者线杆上应当有线路名称、杆塔编号以及安全警示等标志。

第四百九十八条 在总回风巷、专用回风巷及机械提升的进风倾斜井巷（不包括输送机上、下山）中不应敷设电力电缆。确需在机械提升的进风倾斜井巷（不包括输送机上、下山）中敷设电力电缆时，应当有保护措施，并经煤矿总工程师批准。

溜放煤、矸、材料的溜道中严禁敷设电缆。

第四百九十九条 井下电缆的选用应当遵守下列规定：

（一）煤矿井下必须采用铜芯电缆，严禁采用铝芯电缆。

（二）电缆主线芯的截面应当满足供电线路负荷的要求。电缆应当带有供保护接地用的足够截面的导体。

（三）对固定敷设的高压电缆：

1. 在立井井筒或者倾角为 45° 及其以上的井巷内，应当采用煤矿用粗钢丝铠装电力电缆。

2. 在水平巷道或者倾角在 45° 以下的井巷内，应当采用煤矿用钢带或者细钢丝铠装电力电缆。采（盘）区变电所到采掘工作面、临时配电点的高压电缆在水平巷道或者近水平巷道敷设时，可以采用煤矿用橡套软电缆。

（四）固定敷设的低压电缆，应当采用煤矿用铠装或者非铠装电力电缆或者对应电压等级的煤矿用橡套软电缆。

（五）非固定敷设的高低压电缆，必须采用煤矿用橡套软电缆。移动式和手持式电气设备应当使用专用橡套电缆。

第五百条 电缆的敷设应当符合下列要求:

(一)在水平巷道或者倾角在 30°以下的井巷中,电缆应当用吊钩悬挂。

(二)在立井井筒或者倾角在 30°及以上的井巷中,电缆应当用夹子、卡箍或者其他夹持装置进行敷设。夹持装置应当能承受电缆重量,并不得损伤电缆。

(三)水平巷道或者倾斜井巷中悬挂的电缆应当有适当的弛度,并能在意外受力时自由坠落。其悬挂高度应当保证电缆在矿车掉道时不受撞击,在电缆坠落时不落在轨道或者输送机上。

(四)电缆悬挂点间距,在水平巷道或者倾斜井巷内不得超过 3m,在立井井筒内不得超过 6m。

(五)沿钻孔敷设的电缆必须绑紧在钢丝绳上,钻孔必须加装套管。

第五百零一条 电缆不应悬挂在管道上,不得遭受淋水。电缆上严禁悬挂任何物件。电缆与压风管、供水管在巷道同一侧敷设时，必须敷设在管子上方，并保持0.3m以上的距离。在有瓦斯抽采管路的巷道内，电缆（包括通信电缆）严禁与瓦斯抽采管路悬挂在巷道同侧，岔门处确需悬挂在同侧或者交叉时必须制定专项安全技术措施，由煤矿总工程师审批。盘圈或者盘"8"字形的电缆不得带电，但给采、掘等移动设备供电电缆及通信、信号电缆不受此限。

井筒和巷道内的通信和信号电缆应当与电力电缆分挂在井巷的两侧，如果受条件所限：在井筒内，应当敷设在距电力电缆0.3m以外的地方；在巷道内，应当敷设在电力电缆上方0.1m以上的地方。

高、低压电力电缆敷设在巷道同一侧时，高、低压电缆之间的距离应当大于0.1m。高压电缆之间、低压电缆之间的距离不得小于50mm。

井下巷道内的电缆，沿线每隔一定距离、

拐弯或者分支点以及连接不同直径电缆的接线盒两端、穿墙电缆的墙的两边都应当设置注有编号、用途、电压和截面的标志牌。

第五百零二条 立井井筒中敷设的电缆中间不得有接头；因井筒太深需设接头时，应当将接头设在中间水平巷道内。

运行中因故需要增设接头而又无中间水平巷道可以利用时，可以在井筒中设置接线盒。接线盒应当放置在托架上，不应使接头承力。

第五百零三条 电缆穿过墙壁部分应当用套管保护，并采用不燃性材料严密封堵封实管口。

第五百零四条 电缆的连接应当符合下列要求：

（一）电缆与电气设备连接时，电缆线芯必须使用齿形压线板（卡爪）、线鼻子或者快速连接器与电气设备进行连接。

（二）不同型电缆之间严禁直接连接，必须经过符合要求的接线盒、连接器或者母线盒进行连接。

(三) 同型电缆之间直接连接时必须遵守下列规定:

1. 橡套电缆的修补连接(包括绝缘、护套已损坏的橡套电缆的修补)必须采用阻燃材料进行硫化热补或者与热补有同等效能的冷补。在地面热补或者冷补后的橡套电缆,必须经浸水耐压试验,合格后方可下井使用。

2. 塑料电缆连接处的机械强度以及电气、防潮密封、老化等性能,应当符合该型矿用电缆的技术标准。

第五节 照明和信号

第五百零五条 下列地点必须有足够照明:

(一) 井底车场及其附近。

(二) 机电设备硐室、调度室、机车库、爆炸物品库、候车室、信号站、瓦斯抽采泵站等。

(三) 使用机车的主要运输巷道、兼作人

行道的集中带式输送机巷道、升降人员的绞车道以及升降物料和人行交替使用的绞车道（照明灯的间距不得大于30m，无轨胶轮车主要运输巷道两侧安装有反光标识的不受此限）。

（四）总进风巷、采（盘）区进风巷的交岔点和采区车场。

（五）从地面到井下的专用人行道。

（六）综合机械化采煤工作面（照明灯间距不得大于15m）。

地面的通风机房、绞车房、压风机房、变电所、矿调度室等必须设有应急照明设施。

第五百零六条 严禁用电机车架空线作照明电源。

第五百零七条 矿灯的管理和使用应当遵守下列规定：

（一）矿井完好的矿灯总数，至少应当比入井总人数多10%。

（二）矿灯应当集中统一管理。每盏矿灯必须编号，经常使用矿灯的人员必须专人专灯。

（三）矿灯应当保持完好，出现亮度不够、电线破损、灯锁失效、灯头密封不严、灯头圈松动、玻璃破裂、蓄电池外壳鼓胀变形等情况时，严禁发放、使用。发出的矿灯，最低应当能连续正常使用11h。

（四）严禁矿灯使用人员拆开、敲打、撞击、拖拉矿灯。人员出井后（地面领用矿灯人员，在下班后），必须立即将矿灯交还灯房。

（五）加装其他功能的矿灯，必须保证矿灯的正常使用要求。

（六）矿灯的维修应当在地面由专人负责。

第五百零八条 井下严禁使用灯泡取暖和使用电炉。

第五百零九条 电气信号应当符合下列要求：

（一）矿井中的电气信号，除信号集中闭塞外应当能同时发声和发光。重要信号装置附近，应当标明信号的种类和用途。

（二）升降人员和主要井口绞车的信号装

置的直接供电线路上,严禁分接其他负荷。

第五百一十条 井下照明和信号的配电装置,应当具有短路、过负荷和漏电保护的照明信号综合保护功能。

第六节 井下电气设备保护接地

第五百一十一条 电压在36V以上和由于绝缘损坏可能带有危险电压的电气设备的金属外壳、构架,铠装电缆的钢带(钢丝)、铅皮(屏蔽护套)等必须有保护接地。

第五百一十二条 任一组主接地极断开时,井下总接地网上任一保护接地点的接地电阻值,不得超过2Ω。每一移动式和手持式电气设备至局部接地极之间的保护接地用的电缆芯线和接地连接导线的电阻值,不得超过1Ω。

第五百一十三条 所有电气设备的保护接地装置(包括电缆的铠装、铅皮、接地芯线)和局部接地装置,应当与主接地极连接成1个总接地网。

主接地极应当在主、副水仓中各埋设1块。主接地极应当用耐腐蚀的钢板制成，其面积不得小于0.75m²、厚度不得小于5mm。

在钻孔中敷设的电缆和地面直接分区供电的电缆，不能与井下主接地极连接时，应当单独形成分区总接地网，其接地电阻值不得超过2Ω。

第五百一十四条 下列地点应当装设局部接地极：

（一）采区变电所（包括移动变电站和移动变压器）。

（二）装有电气设备的硐室和单独装设的高压电气设备。

（三）低压配电点或者装有3台以上电气设备的地点。

（四）无低压配电点的采煤工作面的运输巷、回风巷、带式输送机巷以及由变电所单独供电的掘进工作面（至少分别设置1个局部接地极）。

(五) 连接高压动力电缆的金属连接装置。

局部接地极可以设置于巷道水沟内或者其他就近的潮湿处。

设置在水沟中的局部接地极应当用面积不小于 0.6m²、厚度不小于 3mm 的钢板或者具有同等有效面积的钢管制成,并平放于水沟深处。

设置在其他地点的局部接地极,可以用直径不小于 35mm、长度不小于 1.5m 的钢管制成,管上至少钻 20 个直径不小于 5mm 的透孔,并全部垂直埋入底板;也可以用直径不小于 22mm、长度为 1m 的 2 根钢管制成,每根管上钻 10 个直径不小于 5mm 的透孔,2 根钢管相距不得小于 5m,并联后垂直埋入底板,垂直埋深不得小于 0.75m。

第五百一十五条 连接主接地极母线,应当采用截面不小于 50mm² 的铜线,或者截面不小于 100mm² 的耐腐蚀铁线,或者厚度不小于 4mm、截面不小于 100mm² 的耐腐蚀扁钢。

电气设备的外壳与接地母线、辅助接地母线或者局部接地极的连接，电缆连接装置两头的铠装、铅皮的连接，应当采用截面不小于25mm^{2}的铜线，或者截面不小于50mm^{2}的耐腐蚀铁线，或者厚度不小于4mm、截面不小于50mm^{2}的耐腐蚀扁钢。

第五百一十六条 橡套电缆的接地芯线，除用作监测接地回路外，不得兼作他用。

第七节 电气设备、电缆的检查、维护和调整

第五百一十七条 电气设备的检查、维护和调整，必须由电气维修工进行。高压电气设备和线路的修理和调整工作，应当有工作票和施工措施。

高压停、送电的操作，可以根据书面申请或者其他联系方式，得到批准后，由专责电工执行。

采区电工，在特殊情况下，可以对采区变

电所内高压电气设备进行停、送电的操作,但不得打开电气设备进行修理。

第五百一十八条 井下防爆电气设备的运行、维护和修理,必须符合防爆性能的各项技术要求。防爆性能遭受破坏的电气设备,必须立即处理或者更换,严禁继续使用。

第五百一十九条 矿井应当按照表18的要求对电气设备、电缆进行检查和调整。

表18 电气设备、电缆的检查和调整

项目	检查周期	备注
使用中的防爆电气设备的防爆性能检查	每月1次	每日应当由分片负责电工检查1次外部
配电系统继电保护装置检查整定	每6个月1次	负荷变化时应当及时整定
高压电缆的泄漏和耐压试验		投入运行以前、新制作终端或者接头、停电超过1年、遭受外力破坏可能影响绝缘

续表

项目	检查周期	备注
主要电气设备绝缘电阻的检查	每年1次	
固定敷设电缆的绝缘和外部检查	每季1次	每周应当由专职电工检查1次外部和悬挂情况
移动式电气设备的橡套电缆绝缘检查	每月1次	每班由当班司机或者专职电工检查1次外皮有无破损
接地电网接地电阻值测定	每季1次	
新安装的电气设备绝缘电阻和接地电阻的测定		投入运行以前

检查和调整结果应当记入专用的记录簿内。检查和调整中发现的问题应当指派专人限期处理。

第八节 井下电池电源

第五百二十条 井下用电池(包括原电池和蓄电池)应当符合下列要求:

(一)串联或者并联的电池组保持厂家、型号、规格的一致性。

(二)电池或者电池组安装在独立的电池腔内。

(三)电池配置充放电安全保护装置。

(四)使用锂电池时,电池温度不得超过60℃。

第五百二十一条 蓄电池动力装置必须符合下列要求:

(一)铅酸蓄电池动力装置井下检修应当在充电硐室内进行,测定电压时必须在揭开电池盖10min后测试。

(二)锂电池动力装置严禁井下开盖和维修,拆卸与安装过程应当确保防爆结构完好,每周至少进行1次防爆性能检查。

（三）锂电池动力装置严禁带电插拔。采用快速插接装置时，应当具有机械和电气联锁。

第五百二十二条 电量超过 2kW·h 的锂电池动力装置应当符合下列要求：

（一）电池之间具有防止热扩散的措施。

（二）输入、输出端设置断电开关，瓦斯超限应当切断所有非本质安全输出。

（三）具有远程连续监测与安全预警功能。

第五百二十三条 使用蓄电池的设备充电应当符合下列要求：

（一）充电设备与蓄电池匹配。

（二）充电设备接口具有防反向充电保护措施。

（三）便携式设备在地面充电。

（四）硐室内单台充电锂电池电源额定电量不得超过 74kW·h。

（五）电动车辆、机器人等移动设备应当在专用充电硐室或者地面充电。当锂电池电量不超过2kW·h时，可以在井下专用充电点充电，并符合下列要求：

1. 充电点必须设置在新鲜风流中，且没有淋（滴）水的地点。

2. 具备甲烷、一氧化碳、氢气和温度超限自动断电功能，甲烷浓度不应超过0.5%，一氧化碳浓度不应超过0.0024%，氢气浓度不应超过0.5%，环境温度不应超过34℃。

3. 实现视频监视、自动灭火功能。

4. 制定应急处置措施。

（六）锂电池动力装置应当采用低倍率充电，充电上限不应超过最大允许充电能量的95%。

（七）监控、通信、人员位置监测、视频、应急广播、避险等设备的备用电源可以就地充电，并有防过充等保护措施。

第五百二十四条 禁止在井下充电硐室以外地点对电池（组）进行更换和维修，本质安全型设备中电池（组）和限流器件通过浇封或者密闭封装构成一个整体替换的组件除外。

第十三章 监控与通信

第一节 一般规定

第五百二十五条 所有矿井必须装备安全监控系统、人员位置监测系统、有线调度通信系统和视频监视系统,其数据采集与传输应当符合有关安全生产的国家标准或者行业标准要求。

安全监控系统和人员位置监测系统必须实时上传数据。严禁对数据过滤、篡改或者屏蔽。

第五百二十六条 编制采区设计、采掘作业规程时,必须对安全监控、人员位置监测、有线调度通信和视频监视系统设备的种类、数量和位置,信号、通信和电源线缆的敷设,安全监控系统的断电区域等做出明确规定。

矿井应当绘制安全监控系统布置图和断电控制图,绘制人员位置监测、有线调度通信和视频监视系统布置图,并及时更新。

每 3 个月对安全监控和人员位置监测等数据进行备份,备份的数据及介质应当保存 2 年以上。图纸、技术资料应当保存 2 年以上。录音应当保存 3 个月以上。视频应当保存 1 个月以上。

第五百二十七条 矿用有线调度通信电缆必须专用。严禁安全监控系统与视频监视系统共用非物理层切片的同一网络和同一芯光纤。安全监控系统主干线缆应当分设两条,从不同的井筒或者一个井筒保持一定间距的不同位置进入井下。

设备应当满足电磁兼容要求。系统必须具有防雷电保护,入井电缆和含金属的光缆的入井口处必须具有防雷措施。

系统必须连续运行。新备用电源应当能保

障电网停电后系统连续工作时间不小于4h；不能保障系统连续工作2h的备用电源，应当及时更换。

监控网络应当通过网络安全设备与其他网络互通互联。

安全监控和人员位置监测系统主机及联网主机应当双机热备份，连续运行。当工作主机发生故障时，备份主机应当在60s内自动投入工作。

安全监控、人员位置监测和视频监视系统的显示和控制终端，有线调度通信系统的调度台必须设置在矿调度室，全面反映监控信息。矿调度室必须24小时有监控人员值班。

第二节　安全监控

第五百二十八条　安全监控设备必须具有故障闭锁功能。当与闭锁控制有关的设备未投入正常运行或者故障时，必须切断该监控设备所监控区域的全部非本质安全型电气设备的电源并闭锁;当与闭锁控制有关的设备工作正常并稳定运行后,自动解锁。

安全监控系统必须具备甲烷电闭锁和风电闭锁功能。采掘工作面甲烷浓度超限报警、甲烷电闭锁和风电闭锁控制功能必须由现场设备完成。最远监控距离超过2000m时,可以由井下设备异地断电。当主机或者系统线缆发生故障时,必须保证实现甲烷电闭锁和风电闭锁的全部功能。系统必须具有断电、馈电状态监测和报警功能。

安全监控系统必须具有传感器、分站、电源、断电控制器、主机和网络设备故障自诊断功能。

第五百二十九条 安全监控设备的供电电源必须取自被控开关的电源侧或者专用电源,严禁接在被控开关的负荷侧。

安装断电控制系统时,必须根据断电范围提供断电条件,并接通井下电源及控制线。

改接或者拆除与安全监控设备关联的电气设备、电源线和控制线时,必须与安全监控管理部门共同处理。检修与安全监控设备关联的电气设备,需要监控设备停止运行时,必须制定安全措施,并报煤矿总工程师审批。

第五百三十条　矿井必须制定安全监控设备使用与管理制度,明确安全监控设备的调校维护、使用与管理责任单位和责任人。矿井应当设立安全监控设备调校、使用和管理台账,及时注销报废残旧和淘汰的安全监控设备。

第五百三十一条　安全监控设备必须定期调校、测试。甲烷传感器必须使用校准气样和空气气样在设备设置地点调校,便携式甲烷检测报警仪在仪器维修室调校。载体催化甲烷传感器和便携式载体催化甲烷检测报警仪每半个月至少调校1次。激光甲烷传感器和便携式激光甲烷检测报警仪每半年至少调校1次。其他传感器和便携式检测报警仪应当按照有关标准定期调校。甲烷电闭锁和风电闭锁功能每半个月至少测试 1 次；可能造成局部通风机停电的，每半年至少测试 1 次。其他安全监控设备每半年至少调校或者测试 1 次。

安全监控设备发生故障时，必须及时处理，在故障处理期间必须采用人工监测等安全措施，并填写故障记录。

第五百三十二条 必须每天检查采掘工作面及回风流的安全监控设备及线缆是否正常，井下安全监测工或者瓦斯检查工使用便携式光学甲烷检测仪或者便携式甲烷检测报警仪与甲烷传感器进行对照，并将记录和检查结果报矿值班员；当两者读数差大于允许误差时，应当以读数较大者为依据，采取安全措施并在 8h 内对 2 种设备调校完毕。

第五百三十三条 矿调度室值班人员应当监视监控信息，填写运行日志，打印安全监控日报表，并报煤矿总工程师和矿长审阅。系统发出报警、断电、馈电异常等信息时，应当采取措施，及时处理，并立即向值班矿领导汇报；处理过程和结果应当记录备案。

第五百三十四条 便携式激光甲烷检测报警仪和便携式载体催化甲烷检测报警仪及其他便携式安全监控仪器的调校和维护必须由专职人员负责，不符合要求的严禁发放使用。

第五百三十五条 配制甲烷校准气样的装备和方法必须符合国家有关标准，选用纯度不低于99.9%的甲烷标准气体作原料气。配制好的甲烷校准气体不确定度应当小于5%。

第五百三十六条 甲烷传感器的设置地点，报警、断电、复电浓度和断电范围及便携式甲烷检测报警仪的报警值必须符合表19的要求。

表 19 甲烷传感器的设置地点、报警、断电、复电浓度和断电范围及便携式甲烷检测报警仪的报警值

设置地点	报警浓度/%	断电浓度/%	复电浓度/%	断电范围
采煤工作面回风隅角	≥1.0	≥1.5	<1.0	工作面及其回风巷内全部非本质安全型电气设备电源
低瓦斯和高瓦斯矿井的采煤工作面	≥1.0	≥1.5	<1.0	工作面及其回风巷内全部非本质安全型电气设备电源
突出矿井的采煤工作面	≥1.0	≥1.5	<1.0	工作面及其进、回风巷内全部非本质安全型电气设备电源
采煤工作面回风巷	≥1.0	≥1.0	<1.0	工作面及其回风巷内全部非本质安全型电气设备电源

续表

设置地点	报警浓度/%	断电浓度/%	复电浓度/%	断电范围
突出矿井、具有冲击地压危险的高瓦斯矿井采煤工作面回风巷	≥0.5	≥0.5	<0.5	工作面及其进、回风巷内全部非本质安全型电气设备电源
采用串联通风的被串采煤工作面进风巷	≥0.5	≥0.5	<0.5	被串采煤工作面及其进、回风巷内全部非本质安全型电气设备电源
高瓦斯、突出矿井采煤工作面回风巷中部	≥1.0	≥1.0	<1.0	工作面及其回风巷内全部非本质安全型电气设备电源
采煤机	≥1.0	≥1.5	<1.0	采煤机非本质安全型电源
煤巷、半煤岩巷和有瓦斯涌出岩巷的掘进工作面	≥1.0	≥1.5	<1.0	掘进巷道内全部非本质安全型电气设备电源，全风压供风的双巷掘进的进风巷除外

340

续表

设置地点	报警浓度/%	断电浓度/%	复电浓度/%	断电范围
煤巷、半煤岩巷和有瓦斯涌出岩巷的掘进工作面回风流中	≥1.0	≥1.0	<1.0	掘进巷道内全部非本质安全型电气设备电源,全风压供风的双巷掘进的进风巷除外
突出矿井的煤巷、半煤岩巷和有瓦斯涌出岩巷的掘进工作面的进风分风口处	≥0.5	≥0.5	<0.5	掘进巷道内全部非本质安全型电气设备电源
采用串联通风的被串掘进工作面局部通风机前	≥0.5	≥0.5	<0.5	被串掘进巷道内全部非本质安全型电气设备电源
	≥0.5	≥1.5	<0.5	被串掘进工作面局部通风机电源

续表

设置地点	报警浓度/%	断电浓度/%	复电浓度/%	断电范围
高瓦斯矿井双巷掘进工作面混合回风流处	≥1.0	≥1.0	<1.0	除全风压供风的进风巷外，双巷掘进巷道内全部非本质安全型电气设备电源
高瓦斯矿和突出矿井掘进巷道中部	≥1.0	≥1.0	<1.0	掘进巷道内全部非本质安全型电气设备电源
掘进机、掘锚一体机、连续采煤机、锚杆钻车、梭车	≥1.0	≥1.5	<1.0	掘进机、掘锚一体机、连续采煤机、锚杆钻车、梭车非本质安全型电源
TBM	≥1.0	≥1.0	<1.0	非本质安全型电源
突出煤层施工钻孔下风侧	≥1.5	≥1.5	<1.0	钻机周围20m范围及下风侧所有非本质安全型电气设备电源

342

续表

设置地点	报警浓度/%	断电浓度/%	复电浓度/%	断电范围
机电设备硐室及永久避难硐室	≥0.5			
装有带式输送机的井筒兼作回风井	≥0.5	≥0.75	<0.5	井筒内全部非本质安全型电气设备电源
采（盘）区回风巷	≥1.0	≥1.0	<1.0	采（盘）区回风巷电气设备非本质安全型电源
总回风巷	≥0.75			
使用架线电机车的主要运输巷道内装煤点处	≥0.5	≥0.5	<0.5	装煤点处上风流100m内及其下风流的架空线电源和全部非本质安全型电气设备电源

343

续表

设置地点	报警浓度/%	断电浓度/%	复电浓度/%	断电范围
矿用防爆型蓄电池电机车、单轨吊车、无轨胶轮车、特种车辆等以防爆蓄电池为动力装置的设备	≥0.5	≥0.5	<0.5	蓄电池非本质安全型输出电源
矿用防爆型柴油机车、无轨胶轮车、单轨吊等柴油动力设备	≥0.5	≥0.5	<0.5	车辆动力
井下煤仓	≥1.5	≥1.5	<1.5	煤仓上口附近30m内的各类运输设备及其他非本质安全型电气设备电源
封闭的带式输送机地面走廊内，带式输送机滚筒上方	≥1.5	≥1.5	<1.5	带式输送机地面走廊内全部非本质安全型电气设备电源

344

续表

设置地点	报警浓度/%	断电浓度/%	复电浓度/%	断电范围
地面瓦斯抽采泵房内	≥0.5			
井下临时瓦斯抽采泵站下风侧	≥0.5	≥1.0	<0.5	瓦斯抽采泵站非本质安全型电源
井下临时瓦斯抽采排放口下风侧栅栏外	≥1.0	≥1.0	<1.0	抽采工作面、回风流及排放口下风侧全部非本质安全型电气设备电源

345

第五百三十七条 回风流中非本质安全型电气设备必须实现甲烷电闭锁。下列地点必须设置甲烷传感器：

（一）采煤工作面及其回风巷和回风隅角，高瓦斯和突出矿井采煤工作面回风巷长度大于1000m时回风巷中部。

（二）煤巷、半煤岩巷和有瓦斯涌出的岩巷掘进工作面及其回风流中，高瓦斯和突出矿井的掘进巷道长度大于1000m时掘进巷道中部。

（三）突出矿井和具有冲击地压危险的高瓦斯矿井采煤工作面进风巷。

（四）突出矿井的煤巷、半煤岩巷和有瓦斯涌出岩巷的掘进工作面的进风分风口处。

（五）突出煤层施工钻孔下风侧5~10m范围内。

（六）机电设备硐室和永久避难硐室进风侧3~5m范围内。

（七）装有带式输送机的井筒兼作回风井，带式输送机上风侧10~15m范围内。

（八）采用串联通风时，被串采煤工作面的进风巷；被串掘进工作面的局部通风机前。

（九）采（盘）区回风巷、总回风巷测风站。

（十）使用架线电机车的主要运输巷道内装煤点下风侧 3~5m 范围内。

（十一）煤仓上口下风侧和封闭的带式输送机地面走廊上方。

（十二）地面瓦斯抽采泵房内。

（十三）井下临时瓦斯抽采泵站及排放口下风侧栅栏外。

（十四）瓦斯抽采泵输入、输出管路中。

其他需要增设安全监控的地点及传感器类型、报警值、断电值、断电范围等由煤矿总工程师确定。

第五百三十八条 突出矿井在下列地点设置的传感器必须是全量程甲烷传感器：

（一）采煤工作面及其进、回风巷和回风隅角。

（二）煤巷、半煤岩巷和有瓦斯涌出的岩

巷掘进工作面及其回风流中和进风分风口处。

(三) 采 (盘) 区回风巷。

(四) 总回风巷。

第五百三十九条 采煤机、掘进机、掘锚一体机、连续采煤机、TBM 等必须设置具有断电闭锁功能的甲烷断电仪。高瓦斯、突出矿井采煤机机载断电仪的甲烷浓度以及采煤机开停等监控数据应当接入安全监控系统。

井下下列设备必须设置具有断电闭锁功能的甲烷断电仪, 或者无线甲烷传感器, 或者便携式甲烷检测报警仪:

(一) 梭车、锚杆钻车。

(二) 采用防爆蓄电池或者防爆柴油机为动力装置的运输设备。

(三) 其他需要安装的移动设备。

第五百四十条 突出煤层采煤工作面进风巷入口 10~15m、掘进工作面进风分风口进风方向 10~15m 必须设置风向传感器。当发生风流逆转时, 发出声光报警信号。

突出煤层采煤工作面回风巷和掘进巷道回风流中必须设置风速传感器。当风速低于或者超过本规程的规定值时，应当发出声光报警信号。

每一个采（盘）区、总回风巷的测风站必须设置风速传感器。主要通风机的风硐必须设置风压传感器。

第五百四十一条 瓦斯抽采泵站的抽采泵吸入管路中必须设置流量、温度和压力传感器。自燃和容易自燃煤层的瓦斯抽采泵站的抽采泵吸入管路中还应当设置一氧化碳传感器，报警浓度由煤矿总工程师确定。

采煤工作面回风巷、掘进工作面回风流、采（盘）区回风巷和总回风巷应当设置一氧化碳和温度传感器。一氧化碳报警浓度大于或者等于 0.0024%。温度报警值由煤矿总工程师确定。

行驶防爆柴油机车、无轨胶轮车、单轨吊等柴油动力运输设备的巷道应当设置一氧化碳传感器，设置地点和报警浓度由煤矿总工程师确定。

进风巷中的带式输送机机头和机尾滚筒下风侧10~20m范围内应当设置一氧化碳、温度和烟雾传感器。一氧化碳报警浓度大于或者等于0.001%。温度报警值由煤矿总工程师确定。

二氧化碳突出矿井的采煤工作面回风巷、掘进工作面回风流中应当设置二氧化碳传感器，报警浓度应当符合本规程的规定。

采用二氧化碳防灭火的采煤工作面应当设置二氧化碳和氧气传感器，报警浓度应当符合本规程的规定。

充电硐室应当设置甲烷、氢气、一氧化碳、烟雾和温度传感器。甲烷报警和断电浓度大于或者等于0.5%；氢气报警和断电浓度大于或者等于0.5%；一氧化碳报警和断电浓度大于或者等于0.0024%；温度报警值由煤矿总工程师确定；断电范围为充电硐室内全部非本质安全型设备电源。

第五百四十二条 主要通风机、局部通风机必须设置设备开停传感器。

主要风门必须设置风门开关传感器,当两道风门同时打开时,发出声光报警信号。

甲烷电闭锁和风电闭锁的被控开关的负荷侧必须设置馈电状态传感器。

第三节 人员位置监测

第五百四十三条 下井人员必须携带标识卡。各个人员出入井口、重点区域出入口、限制区域等地点应当设置读卡分站。

第五百四十四条 人员位置监测系统应当具备检测标识卡是否正常和唯一性的功能。各个人员出入井口应当设置检测标识卡是否正常和每位下井人员携带1张本人标识卡唯一性的装置,异常时报警。

第五百四十五条 矿调度室值班员应当监视人员位置等信息,填写运行日志。

第四节 通 信

第五百四十六条 以下地点必须设有直通矿调度室的有线调度电话：矿井地面变电所、地面主要通风机房、主副井提升机房、压风机房、井下主要水泵房、井下中央变电所、井底车场、运输调度室、采区变电所、上下山绞车房、水泵房、带式输送机集中控制硐室等主要机电设备硐室、采煤工作面、掘进工作面、突出煤层采掘工作面附近、爆破时撤离人员集中地点、突出矿井井下爆破起爆点、采区和水平最高点、避难硐室、瓦斯抽采泵房、爆炸物品库等。

有线调度通信系统应当具有选呼、急呼、全呼、强插、强拆、监听、录音等功能。

有线调度通信系统的调度电话至调度交换机（含安全栅）必须采用矿用通信电缆直接连接，严禁利用大地作回路。严禁调度电话由井下就地供电，或者经有源中继器接调度交换机。调度电话至调度交换机的无中继器通信距离应当不小于10km。

第五百四十七条 矿井移动通信系统应当具有下列功能：

（一）选呼、组呼、全呼等。

（二）移动台与移动台、移动台与固定电话之间互联互通。

（三）短信收发。

（四）通信记录存储和查询。

（五）录音和查询。

第五节 视频监视

第五百四十八条 下列地点应当设置摄像仪：

（一）探放水、瓦斯抽采和冲击地压卸压钻孔井下施工地点。

（二）采煤工作面、掘进工作面。

（三）主要机电设备硐室、临时避难硐室。

（四）带式输送机机头和机尾。

（五）主井、副井及风井井口。

（六）煤仓和矸石仓上下口。

（七）抽采瓦斯泵房、主要通风机房、提升机房、调度室。

第五百四十九条 视频监视系统应当在矿调度室设置集中显示装置，具有显示、报警、存储和查询功能。

第四编 露 天 煤 矿

第一章 一 般 规 定

第五百五十条 建设期间应当遵守下列规定：

（一）建设单位应当委托具有建设工程设计资质的设计单位进行安全设施设计。安全设施设计应当符合国家标准或者行业标准的要求，并报省级煤矿安全监管部门审查。安全设施设计需要作重大变更的,应当报原审查部门重新审查,不得先施工后报批、边施工边修改。

(二)建设单位应当对参与煤矿建设项目的设计、施工、监理等单位进行统一协调管理,对煤矿建设项目安全管理负总责。施工单位应当按照批准的安全设施设计施工,不得擅自变更设计内容。

(三)煤矿建设、施工单位必须建立健全全员安全生产责任制、安全目标管理、安全投入保障、安全教育与培训、安全风险分级管控、事故隐患排查治理与报告、安全监督检查、安全技术审批、安全办公会议等制度。

(四)勘察、设计、施工、监理单位必须取得与工程项目规模相适应的勘察、设计、施工、监理资质。

(五)建设项目的安全设施、职业病危害防护设施必须和主体工程同时设计、同时施工、同时投入生产和使用。

(六)建设期间应当建立边坡监测预警系

统和视频监视系统。

（七）采场及排土场边坡与重要建筑物、构筑物之间应当留有足够的安全距离。

第五百五十一条 必须设置安全生产管理机构，并配备专职安全生产管理人员和专职边坡安全管理人员，应当建立健全技术管理制度。相关人员必须符合下列要求：

（一）专职安全生产管理人员，应当从事露天煤矿工作5年以上、具备相应的露天煤矿安全生产专业知识和工作经验，并熟悉本矿生产系统；专职安全管理人员数量按照不少于从业人数的1%配备，且应当不少于3人。

（二）专职边坡安全管理人员，应当从事露天煤矿工作3年以上，具备采矿、地质或者测量等矿山相关专业中专以上学历，或者中级以上技术职称的专职技术人员，每个专业至少配备1人。

（三）应当配备采矿、地质（边坡）、机电等副总工程师，水文地质类型复杂、极复杂的应当配备地测防治水副总工程师,自行实施爆破作业的应当配备爆破副总工程师;以上人员应当具有采矿、地质、测量、机电或者安全等相关专业中专以上学历或者中级以上技术职称。

第五百五十二条 必须对外委剥离工程承包单位项目部安全生产实施统一管理,严格落实外委剥离工程安全生产主体责任。

(一) 做到管理、培训、检查、考核、奖惩"五统一",严禁外委剥离工程转包和非法分包。外委剥离工程承包单位将工程分包的,分包单位不得再次分包、转包。

(二) 外委剥离工程承包单位项目部应当设立安全生产管理机构,配备现场安全生产管理人员并符合下列要求:

1. 应当配备具有采矿、测量、机电等矿山相关专业的专职技术人员,每个专业至少配备1人。

2. 项目部负责人和专职技术人员应当具备

矿山相关专业中专以上学历或者中级以上技术职称。

3. 项目部管理人员、技术人员必须是剥离工程承包单位劳动合同制职工。

第五百五十三条 应当每月绘制采剥、排土工程平面图，并经煤矿总工程师审批后存档。

第五百五十四条 应当加强智能化建设，保障系统运行安全，并遵守下列规定：

（一）远程操控及无人作业设备必须具备状态监测、周边人员设备环境监测、故障检测、自动避让和紧急停车功能。

（二）采用间断式或者半连续开采工艺的露天煤矿，应当安装具有卡车卫星定位调度、车辆防碰撞预警、驾驶员行为分析等功能的车辆安保系统。

（三）应当建立采场和排土场边坡、出入口全覆盖的视频监视系统。

第五百五十五条 相邻露天煤矿存在边坡压煤且具备联合开采条件的，双方必须签订安全管理协议,并委托原设计单位或者有资质的单位进行联合开采方案设计,经原审批部门审核同意后组织实施。

第五百五十六条 多工种、多设备联合作业时,必须制定安全措施,并符合相关技术标准。

第五百五十七条 采用铁路运输的露天采场主要区段的上下平盘之间应当设人行通路或者梯子,并按照有关规定在梯子两侧设置安全护栏。

第五百五十八条 在露天煤矿内行走的人员必须遵守下列规定:

(一)必须走人行通路或者梯子。

(二)因工作需要沿铁路线和矿山道路行走的人员,必须时刻注意前后方向来车。躲车时,必须躲到安全地点。

(三)横过铁路线或者矿山道路时,必须止步瞭望。

(四)跨越带式输送机时,必须沿着装有栏杆的栈桥通过。

（五）严禁在有塌落危险的坡顶、坡底行走或者逗留。

第五百五十九条 应当为入坑人员配备具备人员定位功能的标识卡；严禁非作业人员和车辆未经批准进入作业区。

第五百六十条 采场内有危险的火区、老空区、滑坡区、积水区等地点，应当充填或者设置栅栏，并设置警示标志；地面、采场及排土场内临时设置变压器时应当设围栏，配电柜、箱、盘应当加锁，并设置明显的防触电标志；设备停放场、炸药厂、爆炸物品库、油库、加油站和物资仓库等易燃易爆场所，必须设置防爆、防火和危险警示标志；矿山道路必须设置限速、道口等路标，特殊路段设置警示标志；汽车运输为左侧通行的，在过渡区段内必须设置醒目的换向标志。

严禁擅自移动和损坏各种安全标志。

在运输线路两侧堆放物料时，不得影响行车安全。

第五百六十一条 在下列区域不得建永久性建（构）筑物：

（一）距采场最终境界的安全距离以内。

（二）爆炸物品库爆炸危险区内。

（三）不稳定的排土场内。

（四）爆破、岩体变形、塌陷、滑坡危险区域内。

第五百六十二条 机械设备内有特低电压以上供电、用电设备时，必须备有完好的绝缘防护用品和工具，并定期进行电气绝缘性能试验，不合格的及时更换。

第五百六十三条 采掘、运输、排土等机械设备作业时，严禁检修和维护，严禁人员上下设备；在危及人身安全的作业范围内，严禁人员和设备停留或者通过。

移动设备应当在平盘安全区内走行或者停留，否则必须采取安全措施。

第五百六十四条 设备走行道路和作业场地坡度不得大于设备允许的最大坡度，转弯半径不得小于设备允许的最小转弯半径。

第五百六十五条 遇到特殊天气状况时，必须遵守下列规定：

（一）在大雾、雨雪等能见度低的情况下作业时，必须制定安全技术措施。

（二）暴雨期间，处在有水淹或者片帮危险区域的设备，必须撤离到安全地带。

（三）遇有 6 级以上大风时禁止露天起重和高处作业。

（四）遇有 8 级以上大风时禁止轮斗挖掘机、排土机和转载机作业。

第五百六十六条 作业人员在 2m 以上的高处作业时，必须系安全带或者设置安全网。

第二章 钻孔爆破

第一节 一般规定

第五百六十七条 钻孔、爆破作业必须编制钻孔、爆破设计及安全技术措施,并经煤矿总工程师批准。钻孔、爆破作业必须按照设计进行。爆破前应当绘制爆破警戒范围图,并实地标出警戒点的位置。

第五百六十八条 爆炸物品的购买、运输、贮存、使用和销毁,永久性爆炸物品库建筑结构及各种防护措施,库区的内、外部安全距离等必须符合《民用爆炸物品安全管理条例》等国家有关法规和国家标准或者行业标准的规定。雷管应当采用数码电子雷管。

露天煤矿爆破作业必须遵守《爆破安全规程》。

第二节 钻 孔

第五百六十九条 钻孔设备进行钻孔作业和走行时,履带边缘与坡顶线的安全距离应当符合表20的要求。

表 20　钻孔设备履带边缘与坡顶线的安全距离　m

台阶高度	<4	4~10	10~15	≥15
安全距离	1~2	2~2.5	2.5~3.5	3.5~6

钻凿坡顶线第一排孔时，钻孔设备应当垂直于台阶坡顶线或者调角布置（夹角应当不小于45°）；有顺层滑坡危险区的，必须压碴钻孔；钻凿坡底线第一排孔时，应当有专人监护。

第五百七十条　钻孔设备在有采空区的工作面钻孔时，必须制定安全技术措施，并在专业人员指挥下进行。

第五百七十一条　钻机在穿过架空线、升降段或者行走距离大于300m时，应当落好钻架，并由专人指挥。

第三节　爆　破

第五百七十二条　爆炸物品的领用、保管和使用必须严格执行账、卡、物一致的管理制度。

严禁发放和使用变质失效以及过期的爆炸物品。

爆破后剩余的爆炸物品，必须当天退回爆炸物品库，严禁私自存放和销毁。

第五百七十三条 爆炸物品车到达爆破地点后，爆破区域负责人应当对爆炸物品进行检查验收，无误后双方签字。

在爆破区域内放置和使用爆炸物品的地点，20m 以内严禁烟火，10m 以内严禁非工作人员进入。

加工起爆药卷必须距放置炸药的地点 5m 以外，加工好的起爆药卷必须放在距炮孔炸药 2m 以外。

第五百七十四条 炮孔装药和充填必须遵守下列规定：

（一）装药前在爆破区边界设置明显标志，严禁与工作无关的人员和车辆进入爆破区。

（二）装药时，每个炮孔同时操作的人员不得超过 3 人；严禁向炮孔内投掷起爆具和受冲击易爆的炸药,严禁使用塑料、金属或者带金属包头的炮杆。

(三)炮孔卡堵或者雷管脚线及导爆索损坏时应当及时处理。无法处理时必须插上标志,按照拒爆处理。

(四)机械化装药时由专人现场指挥。

(五)预装药炮孔在当班进行充填。预装药期间严禁连接起爆网路。

(六)装药完成撤出人员及车辆后,方可连接起爆网路。

第五百七十五条 爆破安全警戒必须遵守下列规定:

(一)必须有安全警戒负责人,并向爆破区周围派出警戒人员。

(二)爆破区域负责人与警戒人员之间实行"三联系制"。

(三)因爆破中断生产时,立即报告矿调度室,采取措施后方可解除警戒。

第五百七十六条 安全警戒距离应当符合

下列要求：

（一）抛掷爆破（孔深小于45m）：爆破区正向不得小于1000m，其余方向不得小于600m。

（二）深孔松动爆破（孔深大于5m）：距爆破区边缘，软岩不得小于100m、硬岩不得小于200m。

（三）浅孔爆破（孔深小于5m）：无充填预裂爆破，不得小于300m。

（四）二次爆破：炮孔爆破不得小于300m。

第五百七十七条 起爆前，必须将所有人员撤至安全地点。接触爆炸物品的人员必须穿戴抗静电保护用品。

第五百七十八条 设备、设施距松动爆破区外端的安全距离应当符合表21的要求。

表21 设备、设施距松动爆破区外端的安全距离 m

设备名称	深孔爆破	浅孔及二次爆破	备注
挖掘机、钻孔机	30	40	司机室背向爆破区
风泵车	40	50	小于此距离应当采取保护措施
信号箱、电气柜、变压器、移动变电站	30	30	小于此距离应当采取保护措施
高压电缆	40	50	小于此距离应当拆除或者采取保护措施

机车、矿用卡车等机动设备处于警戒范围内且不能撤离时,应当采取就地保护措施。与电杆距离不得小于5m;在5~10m时,必须采用减震爆破。

第五百七十九条 设备、设施距抛掷爆破区外端的安全距离:爆破区正向不得小于600m;

两侧有自由面方向及背向不得小于300m；无自由面方向不得小于200m。

第五百八十条 爆破危险区的架空输电线、电缆和移动变电站等，在爆破时应当停电。恢复送电前，必须对这些线路进行检查，确认无损后方可送电。

第五百八十一条 爆破地震安全距离应当符合下列要求：

（一）各类建（构）筑物地面质点的安全振动速度不应超过下列数值：

1. 重要工业厂房，0.4cm/s。

2. 土窑洞、土坯房、毛石房，1.0cm/s。

3. 一般砖房、非抗震的大型砌块建筑物，2~3cm/s。

4. 钢筋混凝土框架房屋，5cm/s。

5. 水工隧道，10cm/s。

6. 交通涵洞，15cm/s。

7. 围岩不稳定有良好支护的矿山巷道，10cm/s；围岩中等稳定有良好支护的矿山巷道,15cm/s;围岩稳定无支护的矿山巷道,20cm/s。

(二)爆破地震安全距离应当按照下式计算:

$$R = (k/v)^{1/a} \cdot Q^m$$

式中 R——爆破地震安全距离,m;

Q——药量(齐发爆破取总量,延期爆破取最大一段药量),kg;

v——安全质点振动速度,cm/s;

m——药量指数,取 $m=1/3$;

k、a——与爆破地点地形、地质条件有关的系数和衰减指数。

(三)在特殊建(构)筑物附近、爆破条件复杂和爆破振动对边坡稳定有影响的地区进行爆破时,必须进行爆破地震效应的监测或者试验。

第五百八十二条 爆破作业必须在白天进行,严禁在雷雨时进行;严禁裸露爆破。

第五百八十三条 在高温区、自然发火区进行爆破作业时，必须遵守下列规定：

（一）采用两种方法测试孔内温度。有明火的炮孔或者孔内温度在80℃以上的高温炮孔采取灭火、降温措施。

（二）高温孔经降温处理合格后方可装药起爆。

（三）高温孔应当采用热感度低的炸药，或者将炸药、雷管作隔热包装。

（四）根据炮孔升温速率确定装药时间和爆破孔数。

（五）火区爆破必须制定专项技术措施。

第五百八十四条 爆破后检查必须遵守下列规定：

（一）爆破后5min内，严禁检查；如不能确认有无盲炮，应当经15min后才能进入爆区检查。

（二）发现拒爆，必须向爆破区负责人报告。

（三）发现残余爆炸物品必须收集上缴，

集中销毁。

第五百八十五条 发生拒爆和熄爆时,应当分析原因,采取措施,并遵守下列规定:

(一) 在危险区边界设警戒,严禁非作业人员进入警戒区。

(二) 因地面网路连接错误或者地面网路断爆出现拒爆,可以再次连线起爆。

(三) 严禁在原钻孔位钻孔,必须在距拒爆孔不少于10倍孔径处重新钻与原孔同样的炮孔装药爆破。

(四) 上述方法不能处理时,应当报告矿调度室,并指定专业人员研究处理。

第三章 采 装

第一节 一般规定

第五百八十六条 露天采场最终边坡的台阶坡面角和边坡角,必须符合最终边坡设计要求。严禁"掏根"式开采。

第五百八十七条 最小工作平盘宽度，必须保证采掘、运输设备的安全运行和供电通信线路、供排水系统、安全挡墙等的正常布置。

第二节 单斗挖掘机采装

第五百八十八条 单斗挖掘机行走和升降段应当符合下列要求：

（一）行走前检查行走机构及制动系统。

（二）根据不同的台阶高度、坡面角，使挖掘机的行走路线与坡底线和坡顶线保持一定的安全距离。

（三）挖掘机应当在平整、坚实的台阶上行走，当道路松软或者含水有沉陷危险时，必须采取安全措施。

（四）挖掘机升降段或者行走距离超过300m时，必须设专人指挥；行走时，主动轴应当在后，悬臂对正行走中心，及时调整方向，严禁原地大角度扭车。

（五）挖掘机行走时，靠铁道线路侧的履带边缘距线路中心不得小于3m，过高压线和铁道等障碍物时，要有相应的安全措施。

（六）挖掘机升降段之前应当预先采取防止下滑的措施。爬坡时，不得超过挖掘机规定的最大允许坡度。

第五百八十九条 挖掘机采装的台阶高度应当符合下列要求：

（一）不需爆破的岩土台阶高度不得大于最大挖掘高度。

（二）需爆破的煤、岩台阶，爆破后爆堆高度不得大于最大挖掘高度的1.1~1.2倍，台阶顶部不得有悬浮大块。

（三）上装车台阶高度不得大于最大卸载高度与运输容器高度及卸载安全高度之和的差。

第五百九十条 单斗挖掘机尾部与台阶坡面、运输设备之间的距离不得小于1m。停止作业时，上下设备梯子应当背离台阶。

第五百九十一条 单斗挖掘机向列车装载

时，必须遵守下列规定：

（一）列车驶入工作面 100m 内，驶出工作面 20m 内，挖掘机必须停止作业。

（二）列车驶入工作面，待车停稳，经助手与司旗联系后，方可装车。

（三）物料最大块度不得超过 3m^3。

（四）严禁勺斗压、碰自翻车车帮或者跨越机车和尾车顶部。严禁高吊勺斗装车。

（五）遇到大块物料掉落影响机车运行时，必须处理后方可作业。

第五百九十二条 单斗挖掘机（正铲）向矿用卡车装载时，应当遵守下列规定：

（一）勺斗容积和物料块度与卡车载重相适应。

（二）单面装车作业时，只有在挖掘机司机发出进车信号，卡车开到装车位置停稳并发出装车信号后，方可装车。双面装车作业时，正面装车卡车可以提前进入装车位置；反面装车应当由勺斗引导卡车进入装车位置。

（三）挖掘机不得跨电缆装车。

（四）装载第一勺斗时，不得装大块；卸料时尽量放低勺斗，其插销距车厢底板不得超过0.5m。严禁高吊勺斗装车。

（五）装入卡车里的物料超出车厢外部、影响安全时，必须妥善处理后，才准发出车信号。

（六）装车时严禁勺斗从卡车驾驶室上方越过。

（七）装入车内的物料要均匀，严禁单侧偏装、超装。

第五百九十三条 单斗挖掘机向自移式破碎机装载时，应当遵守下列规定：

（一）卸载时，勺斗斗底板下缘距受料斗不得超过0.8m。严禁高吊铲斗卸载。

（二）自移式破碎机突出部位距单斗挖掘机机尾回转范围距离不得小于1.0m。

第五百九十四条 操作单斗挖掘机或者反铲时，必须遵守下列规定：

（一）严禁用勺斗载人、砸大块和起吊重物。

（二）勺斗回转时，必须离开采掘工作面，严禁跨越接触网。

（三）在回转或者挖掘过程中，严禁勺斗突然变换方向。

（四）遇坚硬岩体时，严禁强行挖掘。

（五）反铲上挖作业时，应当采取安全技术措施。下挖作业时，履带不得平行于采掘面。

（六）严禁装载铁器等异物和拒爆的火药、雷管等。

第五百九十五条 2台以上单斗挖掘机在同一台阶或者相邻上、下台阶作业时，必须遵守下列规定：

（一）公路运输时，两者间距不得小于最大挖掘半径的2.5倍，并制定安全措施。

（二）在同一铁道线路进行装车作业时，必须制定安全措施。

（三）在相邻的上、下台阶作业时，两者

的相对位置影响上下台阶的设备、设施安全时，必须制定安全措施。

第五百九十六条 挖掘机在挖掘过程中有下列情况之一时，必须停止作业，撤到安全地点，并报告矿调度室检查处理：

（一）发现台阶崩落或者有滑动迹象。

（二）工作面有伞檐或者大块物料。

（三）暴露出未爆炸药包或者雷管。

（四）遇塌陷危险的采空区或者自然发火区。

（五）遇有松软岩层，可能造成挖掘机下沉或者掘沟遇水被淹。

（六）发现不明地下管线或者其他不明障碍物。

第五百九十七条 单斗挖掘机雨天作业电缆发生故障时，应当及时向矿调度室报告，必须由供电人员处理，确认上一级开关无电时，方可进行检修。

第三节 破 碎

第五百九十八条 破碎站设置应当遵守下列规定：

（一）避开沉降、塌陷、滑坡危险的不良地段。

（二）卸车平台应当便于卸载、调车。

（三）卸车平台应当设矿用卡车卸料的安全限位车挡及防止物料滚落的安全防护挡墙。

（四）卸车平台应当有良好的照明系统，并有卸料指示信号安全装置。

（五）移动式破碎站履带外缘距工作平盘坡底线和下台阶坡顶线距离必须符合设计。

第五百九十九条 破碎站作业应当遵守下列规定：

（一）处理和吊运大块物料时，非作业人员必须撤到安全地点。

（二）清理破碎机堵料时，必须采取防止系统突然启动的安全保护措施。

第六百条 自移式破碎机必须设置卸料臂防撞检测、过负荷保护和各旋转部件防护装置。

第四节 轮斗挖掘机采装

第六百零一条 轮斗挖掘机作业和行走线路处在饱和水台阶上时,必须有疏排水措施,否则严禁作业和走行。

第六百零二条 轮斗挖掘机作业必须遵守下列规定:

(一)开机作业前必须对安全装置进行检查,按照规定发出设备启动安全警示信号后方可开机。

(二)严禁斗轮工作装置带负荷启动。

(三)严禁挖掘卡堵和损坏输送带的异物。

(四)调整位置时,必须设地面指挥人员。

第六百零三条 采用轮斗挖掘机-带式输送机-排土机连续开采工艺系统时,应当遵守下列规定:

(一)紧急停机开关必须在可能发生重大

设备事故或者危及人身安全的紧急情况下方可使用。

(二)各单机间应当实行安全闭锁控制,单机发生故障时,必须立即停车,同时向集中控制室汇报。严禁擅自处理故障。

第五节 拉斗铲作业

第六百零四条 拉斗铲行走必须遵守下列规定:

(一)行走和调整作业位置时,路面必须平整,不得有凸起的岩石。

(二)变坡点必须设缓坡段。

(三)当行走路面处于路堤时,距路边缘安全距离应当符合设计。

(四)地面必须设专人指挥、监护,同时做好呼唤应答。

(五)行走靴不同步时,必须重新确定行进路线或者处理路面。

(六)严禁使用行走靴移动电缆。

第六百零五条 拉斗铲作业时，机组人员和配合作业的辅助设备进出拉斗铲作业范围必须做好呼唤应答。严禁铲斗拖地回转、在空中急停和在其他设备上方通过。

第四章 运 输

第一节 铁路运输

第六百零六条 铁路附近的建（构）筑物和设备接近限界，必须符合国家铁路技术管理规程。桥梁、隧道应当按照规定设置人行道、避车台、避车洞、电缆沟及必要的检查和防火设施，立体交叉处的桥梁两侧设防护设施。运输线路上各种机车运行的限制坡度和曲线半径应当符合表22的要求。

表 22 铁道线路的限制坡度和曲线半径

机车种类	限制坡度/‰	曲线半径/m			排土线
		固定线	半固定线	装车线	
蒸汽机车	≤25	≥200	≥150	≥150	向曲线内侧排弃≥300；向曲线外侧排弃≥200
电力机车	≤30	≥180（困难情况≥150）	≥120	≥110	
内燃机车	≤30	≥180（困难情况≥150）	≥120（困难情况≥110）		

第六百零七条 路基必须填筑坚实，并保持稳定和完好。

装车线路的中心线至坡底线或者爆堆边缘的距离不得小于 3m；上装车线应当根据台阶稳定情况确定，但不得小于 3m。排土线路中心至坡顶线的距离不得小于 1.5m，至受土坑坡顶线的距离不得小于 1.4m。线路终端外必须留有不小于 30m 的安全距离。

第六百零八条 铁道线路直线地段轨距

为1435mm，曲线地段轨距按照表23的要求加宽。

表23 铁道线路曲线地段轨距加宽值

曲线半径 R/m	轨距加宽值/mm
R≥350	0
350>R≥300	5
300>R>200	15
R≤200	20

第六百零九条 直线地段线路2股钢轨顶面应当保持同一水平。道岔应当铺设在直线地段，不得设在竖曲线地段。道岔应当保持完好。

曲线地段外轨的超高度的计算公式如下：

$$h = 7.6\,v^2/R$$

式中 h——外轨的超高度，mm；

v——实际最高行车速度，km/h；

R——曲线半径，m。

双线地段外轨最大超高不得超过150mm，单线不得超过125mm。

第六百一十条 铁路与公路交叉时,应当符合下列要求:

(一)根据通过的人流和车流量按照规定设置平面或者立体交叉。

(二)平交道口有良好的瞭望条件,并按照规定设置道口警标和司机鸣笛标、护栏和限界标志;按照标准铺设道口,其宽度与公路路面相同;公路与铁路采用正交,不能正交时,其交角不得小于45°。

(三)道口按照级别设置安全标志和设施。

(四)道口两侧平台长度不得小于10m,衔接平台的道路坡度不得大于5%;否则制定安全措施。

(五)车站、曲线半径在200m以下的线路段和通视条件不良的路堑不设道口。道岔部位严禁设道口。

重型设备通过道口,必须得到煤矿企业批准。

第二节 公路运输

第六百一十一条 矿用卡车作业时,其制动、转向系统和安全装置必须完好。应当定期检验其可靠性,大型自卸车设示宽灯或者标志。

第六百一十二条 矿场道路应当符合下列要求:

(一)宽度符合通行、会车等安全要求。受采掘条件限制、达不到规定的宽度时,必须视道路距离设置相应数量的会车线。

(二)必须设置安全挡墙,高度为矿用卡车轮胎直径的 2/5~3/5。

(三)长距离坡道运输系统,应当在适当位置设置缓坡道。

(四)各运输道路弯道、坡道、交叉路口等特殊路段应当设置反光或者自发光路标、限速等警示标识。

第六百一十三条 无人驾驶作业应当符合下列要求:

（一）无人驾驶作业单位应当建立无人驾驶卡车卫星定位调度系统，调度系统具备一键急停功能，矿调度室能够与无人驾驶卡车进行实时通信。

（二）无人驾驶卡车行驶及作业范围应当确保具有足够强度和稳定的信号，满足安全作业要求。

（三）无人驾驶区域生产指挥车辆与辅助生产设备应当安装无人驾驶交互终端，行驶过程中与无人驾驶卡车之间安全距离不小于30m，作业期间保持无人驾驶交互终端全程开启。严禁未安装交互终端的车辆设备进入无人驾驶卡车行驶及作业区域。

（四）无人驾驶卡车车速不得超过40km/h。

（五）无人驾驶卡车在交叉路口、30m范围内有轨迹交汇时应当减速慢行，车速不得超过30km/h。

（六）无人驾驶卡车作业时，严禁任何人员上、下设备和进行维修作业。

第六百一十四条 严禁矿用卡车在矿内各种道路上超载、超速行驶；同类汽车正常行驶不得超车；特殊路况（修路、弯道、单行道等）下，任何车辆都不得超车；除正在维护道路的设备和应急救援车辆外，各种车辆应当为矿用卡车让行。

冬季应当及时清除路面上的积雪或者结冰，并采取防滑措施；前、后车距不得小于50m；行驶时不得急刹车、急转弯或者超车。

第六百一十五条 矿用卡车在运输道路上出现故障且无法行走时，必须开启全部制动和警示灯，并采取防止溜车的安全措施；同时必须在车体前后30m外设置醒目的安全警示标志，并采取防护措施。

雾天或者烟尘影响视线时，必须开启雾灯或者大灯，前、后车距不得小于30m；能见度不足30m或者雨、雪天气危及行车安全时，必须停止作业。

第六百一十六条 矿用卡车不得在矿山道

路拖挂其他车辆；必须拖挂时，应当采取安全措施，并设专人指挥监护。

第六百一十七条 矿用卡车在工作面装车必须遵守下列规定：

（一）待进入装车位置的卡车必须停在挖掘机最大回转半径范围之外；正在装车的卡车必须停在挖掘机尾部回转半径之外。

（二）正在装载的卡车必须制动，司机不得将身体的任何部位伸出驾驶室。

（三）卡车必须在挖掘机发出信号后，方可进入或者驶出装车地点。

（四）卡车排队等待装车时，车与车之间必须保持一定的安全距离。

第三节 带式输送机运输

第六百一十八条 采用带式输送机运输时，应当遵守下列规定：

（一）带式输送机运输物料的最大倾角，上行不得大于16°，严寒地区不得大于14°；下行不得大于12°。特种带式输送机不受此限。

（二）输送带安全系数取值参照本规程第四百一十条。

（三）带式输送机的运输能力应当与前置设备能力相匹配。

第六百一十九条 带式输送机必须设置下列安全保护：

（一）拉绳开关和防跑偏、打滑、堵塞等。

（二）上运时应当设制动器和逆止器，下运时应当设软制动和防超速保护装置。

（三）机头、机尾、驱动滚筒和改向滚筒处应当设防护栏。

第六百二十条 带式输送机设置应当遵守下列规定：

（一）避开采空区和工程地质不良地段，特殊情况下必须采取安全措施。

（二）带式输送机栈桥应当设人行通道，坡度大于5°的人行通道应当有防滑措施。

（三）跨越设备或者人行道时，必须设置

防物料撒落的安全保护设施。

（四）除移置式带式输送机外，露天设置的带式输送机应当设防护设施。

（五）在转载点和机头处应当设置消防设施。

（六）带式输送机沿线应当设检修通道和防排水设施。

第六百二十一条　带式输送机启动时应当有声光报警装置，运行时严禁运送工具、材料、设备和人员。停机前后必须巡查托辊和输送带的运行情况，发现异常及时处理。检修时应当停机闭锁。

第五章　排　　土

第六百二十二条　排土场位置的选择，应当保证排弃土岩时，不致因大块滚落、滑坡、塌方等威胁采场、工业场地、居民区、铁路、公路、农田和水域的安全。

排土场位置选定后,应当进行地质测绘和工程、水文地质勘探,以确定排土参数。

第六百二十三条 当出现滑坡征兆或者其他危险时,必须停止排土作业,采取安全措施。

第六百二十四条 铁路排土线路必须符合下列要求:

(一)路基面向场地内侧按照段高形成反坡。

(二)排土线设置移动停车位置标志和停车标志。

第六百二十五条 列车在排土线路的卸车地段应当符合下列要求:

(一)列车进入排土线后,由排土人员指挥列车运行。机械排土线的列车运行速度不得超过 20km/h;人工排土线不得超过 15km/h;接近路端时,不得超过 5km/h。

(二)严禁运行中卸土。

(三)新移设线路,首次列车严禁牵引进入。

（四）翻车时2人操作，操作人员位于车厢内侧。

（五）采用机械化作业清扫自翻车，人工清扫必须制定安全措施。

（六）卸车完毕，在排土人员发出出车信号后，列车方可驶出排土线。

第六百二十六条 单斗挖掘机排土应当遵守下列规定：

（一）受土坑的坡面角不得大于70°，严禁超挖。

（二）挖掘机至站立台阶坡顶线的安全距离：

1. 台阶高度10m以下为6m。

2. 台阶高度11~15m为8m。

3. 台阶高度16~20m为11m。

4. 台阶高度超过20m时必须制定安全措施。

第六百二十七条 矿用卡车排土场及排弃作业应当遵守下列规定：

（一）排土场卸载区，必须有连续的安全挡墙，车型小于 240t 时安全挡墙高度不得低于轮胎直径的 0.4 倍，车型大于 240t 时安全挡墙高度不得低于轮胎直径的 0.35 倍。不同车型在同一地点排土时，必须按照最大车型的要求修筑安全挡墙，特殊情况下必须制定安全措施。

（二）排土工作面向坡顶线方向应当保持 3%～5% 的反坡。

（三）应当按照规定顺序排弃土岩，在同一地段进行卸车和排土作业时，设备之间必须保持足够的安全距离。

（四）卸载物料时，矿用卡车应当垂直排土工作线；严禁高速倒车、冲撞安全挡墙。

第六百二十八条 推土机、装载机排土必须遵守下列规定：

（一）司机必须随时观察排土台阶的稳定情况。

（二）严禁平行于坡顶线作业。

（三）与矿用卡车之间保持足够的安全距离。

（四）严禁以高速冲击的方式铲推物料。

第六百二十九条 排土机排土必须遵守下列规定：

（一）排土机必须在稳定的平盘上作业，外侧履带与台阶坡顶线之间必须保持一定的安全距离。

（二）工作场地和行走道路的坡度必须符合排土机的技术要求。

第六百三十条 排土场卸载区应当有通信设施或者联络信号，夜间应当有满足现场作业要求的照明。

第六章 边 坡

第一节 滑坡危险性鉴定

第六百三十一条 露天煤矿必须开展滑坡危险性鉴定，并遵守下列规定：

（一）应当至少每年开展 1 次滑坡危险性鉴定，鉴定对象包括非工作帮边坡、端帮边坡、工作帮边坡、外排土场边坡、内排土场边坡和复合边坡。

（二）年度滑坡危险性鉴定应当分析近 1 年边坡监测数据。

（三）年度滑坡危险性鉴定应当对边坡进行安全分区，界定稳定边坡、基本稳定边坡、欠稳定边坡和不稳定边坡。

（四）应当提出欠稳定边坡和不稳定边坡的防治措施及建议。

（五）应当根据采剥计划对新揭露边坡及地层情况有显著变化的区域边坡开展边坡工程地质补充勘察工作，编制年度边坡工程地质补充勘察报告。

（六）应当开展年度边坡岩土体物理力学实验，至少每年更新 1 次边坡岩土体物理力学指标参数。

（七）当存在崩塌、塌陷、泥石流等安全

风险时，必须采取安全措施。

第六百三十二条 非工作帮形成一定范围的到界台阶后，应当定期进行边坡稳定分析和评价，对影响生产安全的不稳定边坡必须采取安全措施。

第六百三十三条 工作帮边坡在临近最终设计的边坡之前，必须对其进行滑坡危险性鉴定。当原设计的最终边坡达不到稳定的安全系数时，应当修改设计或者采取治理措施。

第六百三十四条 露天煤矿的长远和年度采矿工程设计，必须进行边坡稳定性验算。达不到边坡稳定要求时，应当修改采矿设计或者制定安全措施。

第六百三十五条 出现滑坡征兆时，必须立即撤出影响区域内的作业人员，采取安全措施。

出现滑坡征兆或者发生滑坡的，应当进行专门的滑坡危险性鉴定与治理工程。

第二节 监测预警

第六百三十六条 必须建立边坡监测预警系统,实现采场和排土场边坡监测预警全覆盖。

监测预警系统应当具备自动实时在线预警功能和联网实时上传监测数据功能。

第六百三十七条 应当编制边坡监测预警系统设计方案,由煤矿企业组织评审后予以实施。

第六百三十八条 边坡监测项目的确定,应当符合下列要求:

(一)必须监测边坡表面位移。

(二)结合露天煤矿边坡稳定情况,宜监测边坡内部位移、地应力、爆破振动、降雨量、地下水、地表水等项目。

第六百三十九条 边坡监测设备的选取,应当符合下列要求:

(一)重点边坡和危险边坡必须采用边坡

雷达进行监测，并符合下列要求：

1. 雷达监测点的选址应当远离电磁干扰区域和雷击区，同时避开振动干扰及地表沉陷区域。确保雷达布设位置地基稳定，并与观测目标之间保持通视。

2. 边坡雷达与目标边坡的最远距离不得超过4km，水平监测范围覆盖的角度应当不大于120°。

3. 监测精度必须优于1mm，单次测量周期不大于10min。在1km处的距离向分辨率不大于0.5m，方位向分辨率不大于5mrad。

（二）其他区域边坡采用全球导航卫星系统进行监测时，应当每隔200~400m布设1条监测线，但不得少于3条监测线，每条监测线上监测点不得少于3个。

第六百四十条　边坡监测预警值的设置，应当符合下列要求：

（一）应当依据年度滑坡危险性鉴定结果设置下一年度预警值。

(二)监测预警值应当至少每半年动态更新1次;当发现边坡地质条件存在重大变化或者发生滑坡事故时,必须及时更新监测预警值。

第六百四十一条 严禁过滤、篡改或者屏蔽边坡监测数据。

第三节 边坡管理

第六百四十二条 应当建立边坡巡视制度,并遵守下列规定:

(一)应当定期巡视采场及排土场边坡。

(二)应当每天巡视采场及排土场重点边坡和危险边坡,并做好巡视记录。

(三)在雨季和冻融季应当根据实际情况加大边坡巡视频次。

(四)发现有滑坡征兆时,必须及时设立明显标志牌,并撤离影响区域内的作业人员。

第六百四十三条 对设有运输道路、采运机械和重要设施的边坡,必须及时采取安全措施。

第六百四十四条 采场最终边坡管理必须遵守下列规定：

（一）采掘作业必须按照设计进行，严禁超挖。

（二）临近到界台阶时，应当采用控制爆破。

（三）最终煤台阶必须采取防止煤风化、自然发火及沿煤层底板滑坡的措施。

（四）到界台阶应当及时进行清扫处理，防止浮块或者活石滚落；不具备清扫条件的，应当在下部台阶坡脚处设置挡土墙。

第六百四十五条 排土场边坡管理必须遵守下列规定：

（一）排土场建设前，应当查明基底形态、岩层的赋存状态及岩石物理力学性质，测定排弃物料的力学参数，进行排土场设计和边坡稳定计算，清除基底上不利于边坡稳定的松软土岩。

（二）内排土场最下部台阶的坡底与采掘台阶坡底之间必须留有足够的安全距离，安全距离应当满足设计规范要求。

（三）排土场必须采取有效的防排水措施,防止或者减少水流入排土场。

第七章 防治水和防灭火

第一节 防 治 水

第六百四十六条 应当制定防治水中长期规划,对地下水、地表水和降水可能对采场、排土场、工业广场等区域造成的危害进行安全风险评估。

每年初必须制定当年的防排水计划及措施,每年雨季前必须对防排水设施作全面检查。

检修防排水设施、新建的重要防排水工程必须在雨季前完工,并进行防排水设施的联合试运转。

第六百四十七条 对低于当地历史最高洪水位的设施,必须按照规定采取修筑堤坝、沟渠，疏通水沟等防洪措施。

第六百四十八条 地表及边坡上的防排水设施应当避开有滑坡危险的地段。排水沟应当经常检查、清淤，不应渗漏、倒灌或者漫流。当采场内有滑坡区时，应当在滑坡区周围采取截水措施；当水沟经过有变形、裂缝的边坡地段时，应当采取防渗措施。

排土场应当保持平整，不得有积水，周围应当修筑可靠的截泥、防洪和排水设施。

第六百四十九条 用露天采场深部作储水池排水时，必须采取安全措施，备用水泵的能力不得小于工作水泵能力的50%。

第六百五十条 地层含水影响采矿工程正常进行时，应当进行疏干，疏干工程应当超前于采矿工程。

因疏干地层含水地面出现裂缝、塌陷时，应当圈定范围加以防护、设置警示标志，并采取安全措施；（半）地下疏干泵房应当设通风装置。

第六百五十一条 地下水影响较大和已进行疏干排水工程的边坡,应当进行地下水位、水压及涌水量的观测,分析地下水对边坡稳定的影响程度及疏干的效果,并制定地下水治理措施。

因地下水水位升高,可能造成排土场或者采场滑坡时,必须进行地下水疏干。

第二节 防 灭 火

第六百五十二条 必须制定地面和采场内的防灭火措施。所有建筑物、煤堆、排土场、仓库、油库、爆炸物品库、木料厂、供配电场所等处的防火措施和制度必须符合国家有关法律、法规和国家标准或者行业标准的规定。

露天煤矿内的采掘、运输、排土等主要设备,必须配备灭火器材,并定期检查和更换。

第六百五十三条 开采有自然发火倾向的煤层或者开采范围内存在火区时,必须制定防灭火措施。

第八章 电 气

第一节 一般规定

第六百五十四条 各种电气设备、电力和通信系统的设计、安装、验收、运行、检修、试验等工作，必须符合国家有关规定。

第六百五十五条 采场内的主排水泵站必须设置备用电源，当供电线路发生故障时，备用电源必须能担负最大排水负荷。

第六百五十六条 向采场内的移动式高压电动设备供电的变压器严禁中性点直接接地；当采用中性点经限流电阻接地方式供电时，且流经单相接地故障点的电流应当限制在200A以内，必须装设两段式中性点零序电流保护。中性点直接接地的变压器还应当装设单相接地保护。

第六百五十七条 执行电气检修作业，必须停电、验电、放电,挂接三相短路接地线,装设遮栏并悬挂标示牌。

第二节 变电所(站)和配电设备

第六百五十八条 变电站(移动站)设置应当遵守下列规定:

(一)采场变电站应当使用不燃性材料修建,站内变电装置与墙的距离不得小于0.8m,距顶部不得小于1m。变电站的门应当向外开,门口悬挂警示牌。

(二)采场变电站、非全封闭式移动变电站,四周应当设有围墙或者栅栏。

(三)必须对变电站、移动变电站、开关箱、分支箱统一编号,门必须加锁,并设安全警示标志。变电站内的设备应当编号,并注明负荷名称,必须设有停、送电标志。

(四)移动变电站箱体应当有保护接地。

(五)无人值班的变电站、移动变电站至少每2周巡视1次。

（六）变电站室内必须配备合格的检测和绝缘用具。

第六百五十九条 移动变电站进线户外主隔离开关必须上锁，馈出侧隔离开关与断路器之间必须有可靠的机械或者电气闭锁。

第三节 架空输电线和电缆

第六百六十条 采场内架空线路敷设应当遵守下列规定：

（一）固定供电线路和通信线路应当设置在稳定的边坡上。

（二）高压架空输电线截面不得小于35mm^2，低压架空输电线截面不得小于25mm^2。由架空线向移动式高压电气设备和移动变电站供电的分支线路应当采用橡套电缆。

（三）架设在同一电杆上的高低压输（配）电线路不得多于两回；对于直线杆，上下横担的距离不得小于800mm；对于转角杆，上下横担的距离不得小于500mm（10kV 线路及以下)。同一电杆上的高压线路,应当由同一电压等级的电源供电。垂直向采场供电的配电线路,同一杆上只能架设一回。

(四)架空线下严禁停放矿用设备,严禁堆置剥离物和煤炭等物料。

第六百六十一条 在最大下垂度的情况下,架空线路到地面和接触网的垂直距离必须符合表24的要求。

表24 架空线与地面及设施的安全距离　　m

电压等级/kV	<1	1~10	35
采场和排土场	6	6.5	7
人难以通行和地面运输必须通行的地点	5	5.5	6
台阶坡面	3	4.5	5
配电线和接触网的平面交叉点	2	2	3
铁路与配电线路的平面交叉点	7.5	7.5	7.5

第六百六十二条 移动金属塔架和大型设备通过架空线以及在架空输配电线附近作业的

机械设备，其最高（最远）点至电线的垂直（水平）距离，应当符合表25的要求。

表25　设备距离架空线的安全距离

电压等级/kV	最小距离/m
≤6	0.7
10	1.0
35	2.5
66	3.0
110	3.5

第六百六十三条　挖掘机作业不得影响和破坏电缆线、电杆或者其他支架基础的安全，不得损伤接地导体和接地线。

第六百六十四条　台阶上6~10kV的架空输配电线最边上的导线，在没有偏差的情况下，至接触网最近边的水平距离不应小于2.5m，至铁路路肩的水平距离不应小于2m。

第六百六十五条　电压小于10kV的输配电线，允许采用移动电杆，移动电杆之间的距离不应大于 50m，特殊情况应当根据计算确定。

第六百六十六条 敷设橡套电缆应当符合下列要求：

（一）避开火区、水塘、水仓和可能出现滑坡的地段。

（二）跨台阶敷设电缆应当避开有伞檐、浮石、裂缝等的地段。

（三）新投入的高压电缆，使用前必须进行绝缘试验；修复后的高压电缆必须进行绝缘试验；运行高压电缆每年雷雨前应当进行预防性试验。

（四）电缆接头应当采用热缩或者冷补修复，其强度和导电性能不低于原要求。

（五）缠绕在卷筒（盘）上电缆载流量的计算符合相关要求，温升不超过要求。

（六）电缆穿越铁路、公路时，必须采取防护措施，严禁设备碾压电缆。

第四节　电气设备保护和接地

第六百六十七条　高压配电线路应当装设过负荷、短路和漏电保护；低压配电线路应当装设过负荷、短路和单相接地（漏电）保护；高压电动机应当装设短路、过负荷、漏电和欠压释放保护；低压电动机应当装设过流、短路保护和接地故障的保护；中性点接地的变压器必须装设接地保护；低压电力系统的变压器中性点直接接地时，必须装设接地保护。

第六百六十八条　变（配）电设施、油库、爆炸物品库、高大或者易受雷击的建筑，必须装设防雷电装置，每年雨季前检验1次。

第六百六十九条　电气保护检验应当遵守下列规定：

（一）电气保护装置使用前必须按照规定进行检验，并做好记录。

（二）运行中每年至少对保护做1次检验，漏电保护6个月1次，负荷调整、线路变动应当及时检验。

(三)接地系统每月检查 1 次,每年至少检测 1 次,并做好记录。

第六百七十条 采场必须选用户外型电气设备,所有高、低压电气设备裸露导电体必须有安全防护。

第六百七十一条 变电所(站)的各种继电保护装置每 2 年至少做 1 次试验。

第六百七十二条 变电所开关跳闸后,应当立即报告调度人员,经查询,可以试送 1 次;若仍跳闸,不得强行送电,待查明原因,排除故障后,方可送电。

第六百七十三条 接地和接零应当符合下列要求:

(一)采场的架空线主接地极不得少于 2 组。主接地极应当设在电阻率低的地方,每组接地电阻值不得大于 4Ω,在土壤电阻率大于 1000Ωmm^2/m 的地区,不得超过 30Ω。移动设备与架空线接地极之间的电阻值不得大于 1Ω。

接地线和设备的金属外壳的接触电压不得大于36V。

（二）高压架空线的接地线应当使用截面大于35mm^{2}的钢绞线。

（三）采用橡套电缆的专用接地芯线必须接地或者接零，严禁接地线作电源线。

（四）50V以上的交流电气设备的金属外壳、构架等必须接地。

（五）严禁电气设备的接地线串联接地，严禁用金属管道或者电缆金属护套作为接地线。

（六）低压接地系统的架空线路的终端和支线的终端必须重复接地，交流线路零线的重复接地必须用独立的人工接地体，不得与地下金属管网相连接。

第五节　电气设备操作、维护和调整

第六百七十四条　严禁带电检修、移动电气设备。对设备进行带电调试、测试、试验时，必须采取安全措施。

移动带电电缆时，必须检查确认电缆没有破损，并穿戴好绝缘防护用品。

采用快速插接式的高压电缆头严禁带电插拔。

第六百七十五条　操作电气设备必须遵守下列规定：

（一）非专职和非值班人员，严禁操作电气设备。

（二）操作高压电气设备回路时，操作人员必须戴绝缘手套、穿电工绝缘靴或者站在绝缘台上。

（三）手持式电气设备的操作柄和工作中必须接触的部分，必须有合格的绝缘。

（四）操作人员身体任何部分与电气设备裸露带电部分的最小距离应当执行国家相关标准。

第六百七十六条　检修多用户使用的输配电线路时，应当制定安全措施。

第六百七十七条　采场内（变电站、所及

以下）配电线路的停送电作业应当遵守下列规定：

（一）计划停送电严格执行工作票、操作票制度。

（二）非计划停送电，应当经调度同意后执行，并双方做好停送电记录。

（三）事故停电，执行先停电，后履行停电手续，采取安全措施做好记录。

（四）严禁约时停送电。

第六百七十八条 高压变配电设备和线路的检修及停送电，必须严格执行停电申请和工作票制度。

停电线路维修作业必须遵守下列规定：

（一）必须由负责人统一指挥。

（二）必须有明显的断开点，该线路断开的电源开关把手，必须专人看管或者加锁，并悬挂警示牌。

（三）停电后必须验电，并挂好接地线。

（四）作业时必须有专人监护。

（五）确认所有作业完毕后，摘除接地线和警示牌，由负责人检查无误后通知调度恢复送电。

第六百七十九条 雷电或者雷雨时，严禁进行倒闸操作，严禁操作跌落开关。

第六节 爆炸物品库和炸药加工区安全配电

第六百八十条 爆炸物品库房区和加工区的10kV及以下的变电所，可以采用户内式，但不应设在A级建筑物内。

变电所与A级建筑物的距离不得小于50m。

柱上变电亭与A级建筑物的距离不得小于100m，与B级和D级建筑物不得小于50m。

第六百八十一条 1~10kV的室外架空线路，严禁跨越危险场所的建筑物。其边线与建筑物的水平距离，应当遵守下列规定：

（一）与A级和B级建筑物的距离，不应小于电杆间距的2/3且不应小于35m；与生产炸药的A级建筑物的距离，不应小于50m。

（二）与 D 级建筑物的距离不应小于电杆高的 1.5 倍。

第六百八十二条 变（配）电所至有爆炸危险的工房（库房）的 380V/220V 级配电线路，必须采用金属铠装交联电缆，其额定电压不低于 500V，中性线的额定电压与相线相同，并在地下敷设。

电缆埋地长度不应小于 15m。电缆的入户端金属外皮或者装电缆的钢管应当接地。在电缆与架空线的连接处应当装设防雷电装置。防雷电装置与电缆金属外皮、钢管、绝缘铁脚应当并联一起接地，其接地电阻不应大于 10Ω。

低压配电应当采用 TN-S 系统。

第六百八十三条 有爆炸危险场所中的金属设备、管道和其他导电物体，均应当接地，其防静电的接地电阻不得大于 100Ω。该接地装置与电气设备、防雷电的接地装置共用，此时接地电阻值取其中最小值。根据具体情况，还应当采用其他的防静电措施。

第七节 照明和通信

第六百八十四条 固定式照明灯具使用的电压不得超过 220V，手灯或者移动式照明灯具的电压应当小于 36V，在金属容器内作业用的照明灯具的电压不得超过 24V。

在同一地点安装不同照明电压等级的电源插座时，应当有明显区别标志。

第六百八十五条 必须配置能够覆盖整个开采范围的无线对讲系统，有基站的必须配备不间断电源，同时配置其他的有线或者无线应急通信系统；矿调度室与附近急救中心、消防机构、上级生产指挥中心的通信联系必须装设有线电话。

第九章 设备检修

第六百八十六条 可移动设备检修前，应当选择坚实平坦的地面停放，因故障不能移动的设备应当采取防止溜车措施并设置警示标志，轮式设备必须安放止轮器。

第六百八十七条 检修作业必须遵守下列规定：

（一）检修时必须执行挂牌制度，在控制位置悬挂"正在检修，严禁启动"警示牌。

（二）检修时必须设专人协调指挥。多工种联合检修作业时，必须制定安全措施。

（三）在设备的隐蔽处及通风不畅的空间内检修时，必须制定安全措施，并设专人监护。

（四）检查和诊断运动、铰接、高温、有压、带电、弹性储能等危险部位时，必须采取安全措施，检修前必须切断相应的动力源，释放能量。

（五）在带式输送机上更换、维修输送带时，应当制定安全措施。

（六）检修需要刚性支撑时，必须采取防止支撑滑移的安全措施。

（七）夜间检修作业应当有良好的照明。

第六百八十八条 检修用电设备的高压进线和总隔离开关柜时,必须执行停送电制度。

检修设备高压线路时,必须切断相应的断路器和拉开隔离开关,并进行验电、放电、挂接短路接地线,悬挂"禁止合闸"警示牌。

第六百八十九条 拆装高温(>40℃)或者低温(<-15℃)部件时,必须采取防护措施,严禁人体直接接触。

第六百九十条 电焊、气焊、切割必须遵守下列规定:

(一)工作场地通风良好,无易燃、易爆物品。

(二)各类气瓶要距明火 10m 以上,氧气瓶距乙炔瓶 5m 以上。在重点防火、防爆区焊接作业时,办理用火审批单,并制定防火、防爆措施。

(三)在焊接或者切割盛放过易燃、易爆物品或者情况不明物品的容器时,应当制定安全措施。

（四）进入设备或者容器内部焊接、切割时，在确认无易燃、易爆气体或者物品，采取安全措施后，方可作业。

（五）各种气瓶连接处、胶管接头、减压器等，严禁沾染油脂。

（六）电焊机及电焊用具的绝缘必须合格，电焊机外壳接地。

（七）使用气瓶前必须检查压力表，确保完好无损。

第六百九十一条 吊装作业必须遵守下列规定：

（一）吊装作业区四周设置明显标志，夜间作业有足够的照明。

（二）严禁超载吊装和起吊重量不明的物体；严禁使用一根绳索挂 2 个吊点；严禁绳索与棱角直接接触。

（三）2 台以上起重机起吊同一物体时，负载分配应当合理，单机载荷不得超过额定起重量的 80%。

（四）作业过程中，必须安排专门人员进行现场监护。

第六百九十二条 高处作业必须遵守下列规定：

（一）使用登高工具和安全用具。

（二）使用梯子时，支承必须牢固，并有防滑措施，严禁垫高使用。

（三）采取可靠的防止人员坠落措施，有条件时应当设置防护网或者防护围栏。

（四）人员站立位置及扶手采取防滑措施。

（五）防止物体坠落，严禁抛掷工具和器材。

（六）在有坠落危险的下方严禁其他人员停留或者作业。

第六百九十三条 检修矿用卡车必须编制作业规程，并遵守下列规定：

（一）厢斗举升维修过程中，设定警戒区，严禁人员进入。

（二）厢斗举起后，采用刚性支撑或者安全索固定厢斗，严禁利用举升缸支撑作业。

（三）在车上进行焊接和切割作业时，要防止火花溅落到下方作业区或者油箱。必要时，应当采取防护措施。

（四）必须制定专门的检修轮胎安全技术措施。

第五编　职业病危害防治

第一章　职业病危害管理

第六百九十四条　煤矿企业必须建立健全职业卫生档案，定期报告职业病危害因素，并按照国家有关要求进行职业病危害项目申报。

第六百九十五条　煤矿企业应当开展职业病危害因素日常监测，配备监测人员和设备。

煤矿企业应当每年进行1次作业场所职业病危害因素检测，每3年进行1次职业病危害现状评价。检测、评价结果存入煤矿企业职业卫生档案,定期向从业人员公布。

第六百九十六条 煤矿企业应当为接触职业病危害因素的从业人员提供符合要求的个体防护用品,并指导和督促其正确使用。

作业人员必须正确使用防尘或者防毒等个体防护用品。

第二章 粉尘防治

第六百九十七条 作业场所空气中粉尘职业接触限值应当符合表 26 的要求。不符合要求的,应当采取有效措施。

表 26 作业场所空气中粉尘职业接触限值

粉尘种类	游离 SiO_2 含量 W/%	时间加权平均容许浓度/($mg·m^{-3}$)	
		总尘	呼尘
煤尘	W<10	4	2.5

续表

粉尘种类	游离 SiO_2 含量 W/%	时间加权平均容许浓度/ ($mg \cdot m^{-3}$)	
		总尘	呼尘
矽尘	10≤W≤50	1	0.7
	50<W≤80	0.7	0.3
	W>80	0.5	0.2
水泥尘	W<10	4	1.5

注：时间加权平均容许浓度是以时间加权数规定的 8h 工作日、40h 工作周的平均容许接触浓度。

第六百九十八条 粉尘监测应当采用定点监测、个体监测方法。

第六百九十九条 煤矿必须对作业场所的粉尘进行监测，并遵守下列规定：

（一）总粉尘浓度，井工煤矿每月测定 2 次；露天煤矿每月测定 1 次。粉尘分散度每 6 个月测定 1 次。

（二）呼吸性粉尘浓度每月测定 1 次。

（三）粉尘中游离 SiO_2 含量每 6 个月测定

1次，在变更工作面时也必须测定1次。

（四）开采深度大于200m的露天煤矿，在气压较低的季节应当适当增加测定次数。

第七百条 粉尘监测采样点布置应当符合表27的要求。

表27 粉尘监测采样点布置

类别	生产工艺	测尘点布置
采煤工作面	司机操作采煤机、打眼、人工落煤及攉煤	工人作业地点
	多工序同时作业	回风巷距工作面10~15m处
掘进工作面	司机操作掘进机、打眼、装岩（煤）、锚喷支护	工人作业地点
	多工序同时作业（爆破作业除外）	距掘进头10~15m回风侧
其他场所	翻罐笼作业、巷道维修、转载点	工人作业地点

续表

类别	生产工艺	测尘点布置
露天煤矿	穿孔机作业、挖掘机作业	下风侧3~5m处
	司机操作穿孔机、司机操作挖掘机、汽车运输	操作室内
地面作业场所	地面煤仓、储煤场、输送机运输等处进行生产作业	作业人员活动范围内

第七百零一条 矿井必须建立消防防尘供水系统,并遵守下列规定:

(一)应当在地面建永久性消防防尘储水池,储水池必须经常保持不少于200m³的水量。备用水池贮水量不得小于储水池的一半。

(二)防尘用水水质悬浮物的含量不得超过30mg/L,粒径不大于0.3mm,水的pH值在6~9范围内,水的碳酸盐硬度不超过3mmol/L。

(三)没有防尘供水管路的采掘工作面不得生产。主要运输巷、带式输送机斜井与平巷、上山与下山、采区运输巷与回风巷、采煤工作面运输巷与回风巷、掘进巷道、煤仓放煤口、溜煤眼放煤口、卸载点等地点必须敷设防尘供水管路，并安设支管和阀门。防尘用水应当过滤。水采矿井不受此限。

第七百零二条 井工煤矿采煤工作面应当采取煤层注水防尘措施，有下列情况之一的除外：

（一）围岩有严重吸水膨胀性质，注水后易造成顶板垮塌或者底板变形；地质情况复杂、顶板破坏严重，注水后影响采煤安全的煤层。

（二）注水后会影响采煤安全或者造成劳动条件恶化的薄煤层。

（三）原有自然水分或者防灭火灌浆后水分大于4%的煤层。

（四）孔隙率小于4%的煤层。

（五）煤层松软、破碎，打钻孔时易塌孔、难成孔的煤层。

(六)采用下行垮落法开采近距离煤层群或者分层开采厚煤层,上层或者上分层的采空区采取灌水防尘措施时的下一层或者下一分层。

第七百零三条 井工煤矿炮采工作面应当采用湿式钻眼、冲洗煤壁、水炮泥、出煤洒水等综合防尘措施。

第七百零四条 采煤机必须安装内、外喷雾装置。割煤时必须喷雾降尘,内喷雾工作压力不得小于2MPa,外喷雾工作压力不得小于4MPa,喷雾流量应当与机型相匹配。内喷雾装置不能正常使用时,外喷雾压力不得小于8MPa。无水或者喷雾装置不能正常使用时必须停机;液压支架和放顶煤工作面的放煤口,必须安装喷雾装置,降柱、移架或者放煤时同步喷雾。破碎机必须安装防尘罩和喷雾装置或者除尘器。

第七百零五条 井工煤矿采煤工作面回风巷应当安设风流净化水幕。

第七百零六条 井工煤矿掘进井巷和硐室时，必须采取湿式钻眼、冲洗井壁巷帮、水炮泥、爆破喷雾、装岩（煤）洒水和净化风流等综合防尘措施。

第七百零七条 井工煤矿掘进机作业时，应当采用内、外喷雾及通风除尘等综合措施。掘进机无水或者喷雾装置不能正常使用时，必须停机。

第七百零八条 井工煤矿在煤、岩层中钻孔作业时，应当采取湿式降尘等措施。

在冻结法凿井和在遇水膨胀的岩层中不能采用湿式钻眼（孔）、突出煤层或者松软煤层中施工瓦斯抽采钻孔难以采取湿式钻孔作业时，可以采取干式钻孔（眼），并采取除尘器除尘等措施。

第七百零九条 井下煤仓（溜煤眼）放煤口、输送机转载点和卸载点，以及地面筛分厂、破碎车间、带式输送机走廊、转载点等地点，必须安设喷雾装置或者除尘器，作业时进行喷雾降尘或者用除尘器除尘。

第七百一十条 喷射混凝土时，应当采用潮喷或者湿喷工艺，并配备除尘装置对上料口、余气口除尘。距离喷浆作业点下风流100m内，应当设置风流净化水幕。

第七百一十一条 露天煤矿的防尘工作应当符合下列要求：

（一）设置加水站（池）。

（二）穿孔作业采取捕尘或者除尘器除尘等措施。

（三）运输道路采取洒水等降尘措施。

（四）破碎站、转载点等采用喷雾降尘或者除尘器除尘。

第三章 热害防治

第七百一十二条 当采掘工作面空气温度超过26℃、机电设备硐室超过30℃时，必须缩短超温地点工作人员的工作时间，并给予高温保健待遇。

当采掘工作面的空气温度超过30℃、机电设备硐室超过34℃时,必须停止作业。

新建、改扩建矿井设计时,必须进行矿井风温预测计算,超温地点必须有降温设施。

第七百一十三条 有热害的井工煤矿应当采取通风等非机械制冷降温措施。无法达到环境温度要求时,应当采用机械制冷降温措施。

第四章 噪声防治

第七百一十四条 作业人员每周工作5d,每天工作8h,稳态噪声限值为85dB(A),非稳态噪声等效声级的限值为85dB(A);每周工作5d,每天工作不等于8h,需计算8h等效声级,限值为85dB(A);每周工作日不是5d,需计算40h等效声级,限值为85dB(A)。

第七百一十五条 每半年至少监测1次噪声。

井工煤矿噪声监测点应当布置在主要通风机、空气压缩机、局部通风机、采煤机、掘进机、风动凿岩机、破碎机、主水泵等设备使用地点。

露天煤矿噪声监测点应当布置在钻机、挖掘机、破碎机等设备使用地点。

第七百一十六条 应当优先选用低噪声设备，采取隔声、消声、吸声、减振、减少接触时间等措施降低噪声危害。

第五章 有害气体防治

第七百一十七条 监测有害气体时应当选择有代表性的作业地点，其中包括空气中有害物质浓度最高、作业人员接触时间最长的地点。应当在正常生产状态下采样。

第七百一十八条 氮氧化物、一氧化碳、氨、二氧化硫至少每 3 个月监测 1 次，硫化氢至少每月监测 1 次。

第七百一十九条 煤矿作业场所存在硫化氢、二氧化硫等有害气体时,应当加强通风降低有害气体的浓度。在采用通风措施无法达到作业环境标准时,应当采用集中抽取净化、化学吸收等措施降低硫化氢、二氧化硫等有害气体的浓度。

第六章 职业健康监护

第七百二十条 煤矿企业必须按照国家有关规定,对从业人员上岗前、在岗期间和离岗时进行职业健康检查,建立职业健康档案,并将检查结果书面告知从业人员。

第七百二十一条 接触职业病危害从业人员的职业健康检查周期按照下列规定执行:

(一)接触粉尘以煤尘为主的在岗人员,每2年1次。

(二)接触粉尘以矽尘、水泥尘等无机粉尘为主的在岗人员,每年1次。

（三）X射线胸片表现有尘肺样小阴影改变的基础上，至少有2个肺区小阴影的密集度达到0/1，或者有1个肺区小阴影密集度达到1级的，或者尘肺患者，每年1次。

（四）接触噪声、高温、毒物、放射线的在岗人员，每年1次。

接触职业病危害作业的退休人员，按照有关规定执行。

第七百二十二条 对检查出有职业禁忌证和职业相关健康损害的从业人员，必须调离接害岗位，妥善安置；对已确诊的职业病人，应当及时给予治疗、康复和定期检查，并做好职业病报告工作。

第七百二十三条 有下列病症之一的，不得从事接尘作业：

（一）活动性肺结核病及肺外结核病。

（二）慢性阻塞性肺疾病、慢性间质性肺疾病等严重呼吸系统疾病。

（三）显著影响肺功能的肺脏或者胸膜病变。

（四）心、血管器质性疾病。

（五）经医疗鉴定，不适于从事粉尘作业的其他疾病。

第七百二十四条 有下列病症之一的，不得从事井下工作：

（一）本规程第七百二十三条所列病症之一的。

（二）风湿病（反复活动）。

（三）严重的皮肤病。

（四）经医疗鉴定，不适于从事井下工作的其他疾病。

第七百二十五条 癫痫病和精神分裂症患者严禁从事煤矿生产工作。

第七百二十六条 患有高血压、心脏病、高度近视等病症以及其他不适应高空（2m以上）作业者，不得从事高空作业。

第七百二十七条 从业人员需要进行职业病诊断、鉴定的，煤矿企业应当如实提供职业病诊断、鉴定所需的从业人员职业史和职业病危害接触史、工作场所职业病危害因素检测结果等资料。

第七百二十八条 煤矿企业应当为从业人员建立职业健康监护档案,并按照规定的期限妥善保存。

从业人员离开煤矿企业时,有权索取本人职业健康监护档案复印件,煤矿企业必须如实、无偿提供,并在所提供的复印件上签章。

第六编 应急救援

第一章 一般规定

第七百二十九条 煤矿企业应当落实应急管理主体责任,建立健全事故预警、应急值守、信息报告、现场处置、应急投入、救援装备和物资储备、安全避险设施管理和使用等规章制度,主要负责人是应急管理和事故救援工作的第一责任人。

第七百三十条 矿井必须根据灾害情况、可能发生的事故特点和危害以及人员避险的实际需要，建立井下紧急撤离和避险设施，并与监测监控、人员位置监测、通信联络等系统结合，构成井下安全避险系统。

安全避险系统应当随采掘工作面的变化及时调整和完善，每年由煤矿总工程师组织开展有效性评估。

第七百三十一条 煤矿企业必须结合本单位实际，针对存在的风险和可能发生的事故特点，编制应急救援预案并组织评审，由本单位主要负责人批准后实施；应急救援预案应当体现自救互救和先期处置等特点，与所在地县级以上地方人民政府及其煤矿安全监管部门组织制定的生产安全事故应急救援预案相衔接，并按照分级属地原则向县级以上人民政府应急管理部门和煤矿安全监管部门备案，抄送驻地矿山安全监察机构。

应急救援预案的主要内容发生变化，或者在事故处置和应急演练中发现存在重大问题时，及时修订完善。

第七百三十二条 煤矿企业必须建立应急演练制度。应急演练计划、方案、记录和总结评估报告等资料保存期限不少于 2 年。

第七百三十三条 矿山救护队分为专职救护队和兼职救护队。

所有煤矿必须有矿山救护队为其服务。煤矿企业应当设立专职救护队；规模较小、不具备设立专职救护队条件的，所属煤矿应当设立兼职救护队，并与邻近的专职救护队签订救护协议；否则，不得生产。

露天煤矿可以根据实际情况设立专职或者兼职救护队；未设立专职救护队的，应当与邻近的专职救护队签订救护协议。

专职救护队到达服务煤矿的时间一般不超过 30min。兼职救护队承担灾害事故先期救援处置任务。

第七百三十四条 任何人不得调动专职救护队、救援装备和救护车辆从事与应急救援无关的工作，不得挪用紧急避险设施内的设备和物品。

第七百三十五条 井工煤矿应当向矿山救护队提供采掘工程平面图、矿井通风系统图、井上下对照图、井下避灾路线图、灾害预防和处理计划，以及应急救援预案；露天煤矿应当向矿山救护队提供采剥、排土工程平面图和运输系统图、防排水系统图及排水设备布置图、井工老空区与露天矿平面对照图，以及应急救援预案。提供的上述图纸和资料应当真实、准确，且至少每季度为矿山救护队更新1次。

第七百三十六条 煤矿作业人员必须熟悉应急救援预案和避灾路线，具有自救互救和安全避险知识。井下作业人员必须熟练掌握自救器和紧急避险设施的使用方法。

班组长应当具备兼职救护队员的知识和能力，能够在发生险情后第一时间组织作业人员自救互救和安全避险。

外来人员必须经过安全和应急基本知识培训,掌握自救器使用方法,并签字确认后方可入井。

第七百三十七条 煤矿发生险情或者事故后,现场人员应当进行自救互救,并报矿调度室;煤矿应当立即按照应急救援预案启动应急响应,组织涉险人员撤离险区,通知应急指挥人员、矿山救护队和医疗救护人员等到现场救援,并上报事故信息。

第七百三十八条 专职救护队在接到事故报告电话、值班人员发出警报后,必须在1min内出动救援;不需乘车的,出动时间不得超过2min。

第七百三十九条 发生事故的煤矿必须全力做好事故应急救援及相关工作,并报请当地政府和主管部门在通信、交通运输、医疗、电力、现场秩序维护等方面提供保障。

第二章 安全避险

第七百四十条 煤矿发生险情或者事故时，井下人员应当按照应急救援预案和应急指令撤离险区，在撤离受阻的情况下紧急避险待救。

第七百四十一条 井下所有工作地点必须设置灾害事故避灾路线。避灾路线指示应当设置在不易受到碰撞的显著位置，在矿灯照明下清晰可见，并标注所在位置。

巷道交叉口必须设置避灾路线标识。采（盘）区巷道内、矿井主要巷道内设置避灾路线标识的间隔距离应当不大于500m。

第七百四十二条 矿井应当设置井下应急广播系统，保证井下人员能够清晰听见应急指令。

第七百四十三条 入井人员必须随身携带额定防护时间不低于30min的隔绝式自救器。

矿井应当根据需要在避灾路线上设置自救器补给站，配备足量的自救器，自救器额定防护时间不低于30min。补给站应当有清晰、醒目的标识。

煤矿企业必须对井下作业人员进行自救器佩戴使用实操培训，达到在30s内熟练盲戴要求；必须建立自救器维护保养管理制度，每季度至少进行1次自救器检查并做好记录。

第七百四十四条 采（盘）区避灾路线上应当设置压风管路，主管路直径不小于100mm，采掘工作面管路直径不小于50mm，压风管路上设置的供气阀门间隔不大于200m。水文地质类型复杂和极复杂的矿井，应当在各水平、采（盘）区和上山巷道最高处敷设压风管路，并设置供气阀门。

采（盘）区避灾路线上应当敷设供水管路，在供气阀门附近安装供水阀门。

第七百四十五条 突出煤层的掘进巷道长度及采煤工作面推进长度超过500m时，应当在距离工作面500m范围内建设临时避难硐室或者其他临时避险设施。临时避难硐室必须设置向外开启的密闭门，接入矿井压风管路，设置与矿调度室直通的电话，配备足量的饮用水及自救器。

第七百四十六条 其他矿井应当在距离采掘工作面1000m范围内建设临时避难硐室或者其他临时避险设施。

第七百四十七条 避险设施的布局、类型、技术性能等具体设计，应当经煤矿总工程师审批。

避险设施应当设置在避灾路线上，并有醒目标识。矿井避灾路线图中应当明确标注避险设施的位置、规格和种类，井巷中应当有避险设施方位指示。

第七百四十八条 突出煤层、冲击地压煤层，应当在距采掘工作面25~40m的巷道内、起爆地点、撤离人员与警戒人员所在位置、回风巷有人作业处等地点，至少设置1组压风自救装置；在长距离的掘进巷道中，应当根据实际情况增加压风自救装置的设置组数。每组压风自救装置应当可供 5~8 人使用，平均每人空气供给量不得少于 $0.1m^3/min$。

其他掘进工作面应当敷设压风管路，并设置供气阀门。

第七百四十九条 煤矿必须对紧急避险设施进行维护和管理，保证设备设施完好；建立技术档案及使用维护记录。

第三章 救援队伍

第七百五十条 矿山救护队应当建立 24 小时值班制度。

专职救护队必须实行标准化管理。兼职救护队直属矿长领导，业务上接受煤矿总工程师和专职救护队的指导。

第七百五十一条 专职救护队大队应当由不少于 2 个中队组成，中队应当由不少于 3 个小队组成,每个小队应当由不少于9人组成。

兼职救护队规模根据煤矿的生产规模、自然条件、灾害情况确定,队员应当由煤矿生产一线班组长、业务骨干、工程技术人员和管理人员等组成。

第七百五十二条 专职救护队指挥员应当熟悉矿山救援业务,具有相应煤矿专业知识,并经过培训合格。大队指挥员由在中队指挥员岗位工作不少于3年或者从事煤矿生产、安全、技术管理工作不少于5年的人员担任,中队指挥员由从事矿山救援工作或者煤矿生产、安全、技术管理工作不少于3年的人员担任,小队指挥员由从事矿山救援工作不少于2年的人员担任。

第七百五十三条 专职救护队大队指挥员年龄一般不超过55岁,中队指挥员一般不超过50岁,小队指挥员和救护队员一般不超过45岁;根据工作需要,允许保留少数(不超过应急救援人员总数的1/3)身体健康、有技术专长、救援经验丰富的超龄人员，超龄年限不大于5岁。应急救援人员每年应当进行1次身体检查，对身体检查不合格或者超龄人员应当及时进行调整。

第七百五十四条 新招收的专职救护队员，应当具有高中（中专、中技、中职）以上文化程度，年龄在30周岁以下；必须通过3个月的基础培训和3个月的编队实习，并经综合考评合格后，才能成为正式队员。

煤矿应当定期组织对兼职救护队员进行救援知识和技能培训。

第七百五十五条 矿山救护队出动执行救援任务时，必须穿戴矿山救援防护服装，佩戴并按照规定使用氧气呼吸器，携带相关装备、仪器和用品。

第四章　救援装备与设施

第七百五十六条 专职救护队应当配备救

援车辆及通信、灭火、排水、探察、气体分析、个体防护等救援装备，建有实操、虚拟等演习训练设施。

兼职救护队应当配备通信、气体检测、灭火、个体防护等救援装备，设置训练设施。

第七百五十七条 矿山救护队技术装备、救援车辆和设施必须由专人管理，定期检查、维护和保养，保持完好和备用状态。技术装备不得露天存放，救援车辆必须专车专用。

第七百五十八条 煤矿企业应当根据矿井灾害特点，结合所在区域实际情况，储备必要的应急救援装备及物资，由主要负责人审批。重点加强潜水电泵及配套管线、救援钻机及其配套设备、快速掘进与支护设备、应急通信装备等的储备。

煤矿企业应当建立应急救援装备和物资台账，健全其储存、维护保养和应急调用等管理制度。

第七百五十九条 救援装备、器材、物资、防护用品和安全检测仪器、仪表，必须符合国家标准或者行业标准，满足应急救援工作的特殊需要。

第五章 救援指挥

第七百六十条 煤矿发生灾害事故后，必须立即成立救援指挥部，矿长任总指挥。矿山救护队指挥员必须作为救援指挥部成员，参与制定救援方案等重大决策，具体负责指挥矿山救护队实施救援工作。

第七百六十一条 多支矿山救护队联合参加救援时，应当由服务于发生事故煤矿的专职救护队指挥员负责协调、指挥各矿山救护队实施救援，必要时也可以由救援指挥部另行指定。

第七百六十二条 矿井发生灾害事故后，必须首先组织专职救护队进行灾区探察，探明灾区情况。救援指挥部应当根据灾害性质，事故发生地点、波及范围，灾区人员分布、可能存在的危险因素，以及救援的人力和物力，制定抢救方案和安全保障措施。

专职救护队执行灾区探察任务和实施救援时，必须至少有1名中队或者中队以上指挥员带队。

第七百六十三条 在重特大事故或者复杂事故救援现场，应当设立地面基地和井下基地，安排矿山救护队指挥员、待机小队和急救员值班，设置通往救援指挥部和灾区的电话，配备必要的救护装备和器材。

地面基地应当设置在靠近井口的安全地点，配备气体分析化验设备等相关装备。

井下基地应当设置在靠近灾区的安全地点，设专人看守电话并做好记录，保持与救援指挥部、灾区工作救护小队的联络。指派专人检测风流、有害气体浓度及巷道支护等情况。

第七百六十四条 矿山救护队在救援过程中遇到突发情况、危及救援人员生命安全时，带队指挥员有权作出撤出危险区域的决定,并及时报告井下基地及救援指挥部。

第六章 灾变处理

第七百六十五条 处理灾变事故时,应当撤出灾区所有人员,准确统计井下人数,严格控制入井人数;提供救援需要的图纸和技术资料;组织人力、调配装备和物资参加抢险救援,做好后勤保障工作。

第七百六十六条 进入灾区的救护小队,应急救援人员不得少于6人,必须保持在彼此能看到或者听到信号的范围内行动,任何情况下严禁任何应急救援人员单独行动。所有应急救援人员进入前必须检查氧气呼吸器,氧气压力不得低于18MPa;使用过程中应当注意观察氧气呼吸器的氧气压力,在返回到井下基地时应当至少保留5MPa压力的氧气余量。发现有应急救援人员身体不适或者氧气呼吸器发生故障难以排除时,全小队必须立即撤出。

应急救援人员在灾区工作 1 个呼吸器班后,应当至少休息 8h。

第七百六十七条 灾区探察应当遵守下列规定:

(一)探察小队进入灾区前,应当考虑退路被堵后采取的措施,并用灾区电话与井下基地保持联络。小队应当按照计划路线或者原路返回,如果改变返回路线,应当经布置探察任务的指挥员同意。

(二)进入灾区时,小队长在队列之前,副小队长在队列之后,返回时则反之。行进中经过巷道交叉口时应当设置明显的路标。视线不清时,应急救援人员之间要用联络绳联结。在搜索遇险遇难人员时,小队队形应当与巷道中线斜交前进。

(三)指定人员分别检查通风、气体浓度、温度、顶板等情况,做好记录,并标记在图纸上。

(四)坚持有巷必察。远距离和复杂巷道,可以组织几个小队分区段进行探察。在所到巷道标注留名,并绘出探察线路示意图。

(五)发现遇险人员应当全力抢救,并护送到新鲜风流处或者井下基地。在发现遇险、遇难人员的地点要检查气体,并做好标记。

(六)当探察小队失去联系或者没按约定时间返回时,待机小队必须立即进入救援,并报告救援指挥部。

(七)探察结束后,带队指挥员必须立即向布置探察任务的指挥员汇报探察结果。

第七百六十八条 矿山救护队在高温区进行救护工作时,应急救援人员进入高温区的最长时间不得超过表 28 的规定。

表 28 应急救援人员进入高温区的最长时间

温度/℃	40	45	50	55	60
进入时间/min	25	20	15	10	5

第七百六十九条 处理矿井火灾事故时,应当遵守下列规定:

(一)控制烟雾的蔓延,防止火灾扩大。

(二)防止引起瓦斯、煤尘爆炸。必须指定专人检查瓦斯和煤尘,观测灾区的气体和风流变化。当甲烷浓度达到2.0%以上并继续增加时,全部人员立即撤离至安全地点并向指挥部报告。

(三)处理上、下山火灾时,必须采取措施,防止因火风压造成风流逆转和巷道垮塌造成风流受阻。

(四)处理进风井井口、井筒、井底车场、总进风巷和硐室火灾时,应当进行全矿井反风。反风前,必须将火源进风侧的人员撤出,并采取阻止火灾蔓延的措施。多台主要通风机联合通风的矿井反风时,要保证非事故区域的主要通风机先反风,事故区域的主要通风机后反风。采取风流短路措施时,必须将受影响区域内的人员全部撤出。

（五）处理掘进工作面火灾时，应当保持原有的通风状态，进行探察后再采取措施。

（六）处理爆炸物品库火灾时，应当首先将雷管运出，然后将其他爆炸物品运出；因高温或者爆炸危险不能运出时，应当关闭防火门，退至安全地点。

（七）处理绞车房火灾时，应当将火源下方的矿车固定，防止烧断钢丝绳造成跑车伤人。

（八）处理蓄电池电机车库火灾时，应当切断电源，采取措施，防止氢气爆炸。

（九）灭火工作必须从火源进风侧进行。用水灭火时，水流应当从火源外围喷射，逐步逼向火源的中心；必须有充足的风量和畅通的回风巷，防止水煤气爆炸。

第七百七十条 处理瓦斯（煤尘）爆炸事故时，应当遵守下列规定：

（一）立即切断灾区电源。

（二）检查灾区内有害气体的浓度、温度

及通风设施破坏情况，发现有再次爆炸危险时，必须立即撤离至安全地点。

（三）进入灾区行动要谨慎，防止碰撞产生火花，引起爆炸。

（四）经探察确认或者分析认定人员已经遇难，并且没有火源时，必须先恢复灾区通风，再进行处理。

第七百七十一条 发生煤与瓦斯突出事故，不得停风和反风，防止风流紊乱扩大灾情。不得关闭压风系统。通风系统及设施被破坏时，应当设置风障、临时风门及安装局部通风机恢复通风。

恢复突出区通风时，应当以最短的路线将瓦斯引入回风巷。回风井口 50m 范围内不得有火源，并设专人监视。

是否停电应当根据井下实际情况决定。

处理煤（岩）与二氧化碳突出事故时，还必须加大灾区风量，迅速抢救遇险人员。

第七百七十二条 处理水灾事故时，应当遵守下列规定：

（一）迅速了解和分析水源、突水点、影响范围、事故前人员分布、矿井具有生存条件的地点及其进入的通道等情况。根据被堵人员所在地点的空间、氧气、瓦斯浓度以及救出被困人员所需的大致时间制定相应救灾方案。

（二）尽快恢复灾区通风，加强灾区气体检测，防止发生瓦斯爆炸和有害气体中毒、窒息事故。

（三）根据情况综合采取排水、堵水和向井下人员被困位置打钻等措施。

（四）排水后进行探察抢险时，注意防止冒顶和二次突水事故的发生。

第七百七十三条 处理顶板事故时，应当遵守下列规定：

（一）迅速恢复冒顶区的通风。如不能恢复，应当利用压风管、水管或者打钻向被困人员供给新鲜空气、饮料和食物。

（二）指定专人检查甲烷浓度、观察顶板

和周围支护情况，发现异常，立即撤出人员。

（三）加强巷道支护，防止发生二次冒顶、片帮，保证退路安全畅通。

第七百七十四条 处理冲击地压事故时，应当遵守下列规定：

（一）分析再次发生冲击地压灾害的可能性，确定合理的救援方案和路线。

（二）迅速恢复灾区的通风。恢复独头巷道通风时，应当按照排放瓦斯的要求进行。

（三）加强巷道支护，保证安全作业空间。巷道破坏严重、有冒顶危险时，必须采取防止二次冒顶的措施。

（四）设专人观察顶板及周围支护情况，检查通风、瓦斯、煤尘，防止发生次生事故。

第七百七十五条 处理露天矿边坡和排土场滑坡事故时，应当遵守下列规定：

（一）在事故现场设置警戒区域和警示牌，禁止人员进入警戒区域。

（二）救援人员和抢险设备必须从滑体两

侧安全区域实施救援。

（三）应当对救援区域、滑体及周边进行监测，发现有威胁救援人员安全的情况时立即撤离。

附　　则

第七百七十六条　本规程自 2026 年 2 月 1 日起施行，由国家矿山安全监察局负责解释。原国家安全生产监督管理总局 2016 年 2 月 25 日修订公布的《煤矿安全规程》（国家安全生产监督管理总局令第 87 号），应急管理部 2022 年 1 月 6 日公布的《应急管理部关于修改〈煤矿安全规程〉的决定》（应急管理部令第 8 号）同时废止。

第七百七十七条　本规程中的"必须""严禁""应当""可以"等说明如下：表示很严格，非这样做不可的，正面词一般用"必须"，反面词用"严禁"；表示严格，在正常情况下均应当这样做的,正面词一般用"应当",反面词一般用"不应"或者"不得";表示允许选择,在一定条件下可以这样做的,采用"可以"。

附录 主要名词解释

煤矿企业 从事煤炭生产和煤矿建设具有法人资格的企业,是煤矿的上级公司。

煤矿 直接从事煤炭生产和煤矿建设的业务单元。

下料孔 在煤矿生产或者建设期间,从地面施工的与井下巷道相连接且内衬耐磨管材的钻孔,通常用于输送砂石等松散材料。

全断面巷道掘进机 采用刀盘一次性全断面破岩掘进和同步支护的专用机械设备,简称TBM(Tunnel Boring Machine)。

煤矿建设项目 新建、改建、扩建煤矿工程项目的统称。

开采深度 主井井口标高与开采的采煤工作面最低标高之间的差。

极薄煤层 不考虑倾角因素下,厚度 0.8m 以下的煤层。

综合机械化单元密实充填采煤工艺 一种置换充填采煤法,充填开采单元采用"U"型布置,按照设计尺寸将待回收煤炭资源划分为若干标准块段,其主要作业流程包括:首先采用综合机械化设备回收每个支巷的煤炭资源(掘进支巷);煤炭资源回收完成后,立即采用构筑物对支巷两端头出口进行封闭,便于充填和封堵漏风(隔离支巷);隔离完成并具备相应条件后,开始对其内部泵入充填料浆,进行密实充填(充填支巷)。一个充填开采单元除进风巷和回风巷外,包括掘进支巷、隔离支巷和充填支巷。

人工假顶 在厚煤层分层开采时,在顶板上铺设某些材料(如竹笆、金属网等),以形成下一层分层开采时的顶板。

沿空留巷 采用一定的技术手段将上一区段的巷道重新支护留给下一个区段使用,其做法是沿着采空区边缘施工人工构筑物隔离采空区，并对顶板进行支护，将原巷道原位保留下来。

沿空掘巷 完全沿采空区边缘或者小煤柱掘进，把巷道布置在位于靠煤柱一侧的低应力场，便于巷道维护，减少变形量。

倾斜巷道（斜巷） 井工开采时，整体倾角超过8°的巷道。

独立通风（并联通风） 井下用风地点的回风直接进入工作面回风巷、采（盘）区回风巷或者总回风巷，不再进入其他用风地点的通风方式。

分区通风 每个生产水平、每个生产采（盘）区的回风直接进入总回风巷或者回风井的通风方式。

专用回风巷 在采（盘）区巷道中，主要用于采（盘）区回风，不得用作常设行人、行车通道的巷道。

进风巷 进风风流所经过的巷道。

总进风巷 服务于全矿井或者矿井一个水平或者矿井一翼或者多个采（盘）区的进风巷道。

采（盘）区进风巷 服务于1个采（盘）区进风用的巷道。

工作面进风巷 服务于1个工作面进风用的巷道。

回风巷 回风风流所经过的巷道。

总回风巷 服务于全矿井或者矿井一个水平或者矿井一翼或者多个采（盘）区的回风巷道。

采（盘）区回风巷 服务于1个采（盘）区回风用的巷道。

工作面回风巷 服务于1个工作面回风用的巷道。

一风吹 在巷道排放瓦斯或者恢复通风过程中，没有采取可靠的控制风量排放瓦斯的措施，造成排出瓦斯与全风压风流混合处的甲烷或者二氧化碳浓度超过规定值的排放方法。

井巷揭煤 立井、斜井、平硐、石门自底（顶）板岩柱穿过煤层进入顶（底）板的全部作业过程。

煤与瓦斯突出 在地应力和瓦斯（二氧化碳）的共同作用下，破碎的煤、岩和瓦斯（二氧化碳）由煤体或者岩体内突然向采掘空间抛出的异常动力现象。

突出预兆 煤与瓦斯突出发生前出现的异常现象。分为有声突出预兆（如劈裂声、闷雷声、煤炮声等）和无声突出预兆（如顶板压力增大、煤层层理紊乱、煤壁被挤出、煤壁温度明显降低、煤壁挂汗、喷孔、顶钻、卡钻、瓦斯涌出忽大忽小等）两类。

采动应力叠加区域 煤矿井下受两个以上采、掘工作面影响而形成的合成应力影响区域，其影响因素主要包括主应力角度、断层间距大小、煤柱的稳定性等。

水力挤出（挤压） 在采掘工作面施工孔深一般不大于15m的钻孔并封孔，向孔内注入高压水使煤体挤压开裂并向外移动,以释放瓦斯、卸除应力为目的的局部防突措施。

应力集中区 应力在一定范围内明显增高的区域。

冲击地压预卸压 经评价具有冲击地压危险的区域,在监测未达到预警临界值前实施的预防性卸压措施。

"掏根"式开采 违反采矿设计提高露天煤矿边帮最终边坡角,不留保安平盘或者提高单台阶坡面角进行并段开采的采煤方法。

重点边坡 上下有重要建(构)筑物及人员、设备的边坡。

危险边坡 滑坡危险性鉴定中稳定系数不满足安全储备系数的边坡。

复合边坡 由外排土场边坡和采场边坡、内排土场边坡和采场边坡、内排土场边坡和外排土场边坡以及采场边坡组成的边坡。

外委剥离工程承包单位 由煤矿企业或者煤矿委托开展露天煤矿坑下土岩等剥离物采

装、运输、排弃的单位。

本质安全型 电气设备的一种防爆型式,将设备内部和暴露于爆炸性环境的连接导线可能产生的电火花或者热效应能量限制在不能产生点燃的水平。

图书在版编目（CIP）数据

煤矿安全规程：2025年修订版 / 中国法治出版社编. 北京：中国法治出版社，2025.8. -- ISBN 978-7-5216-5628-2

Ⅰ. TD7-65

中国国家版本馆CIP数据核字第2025NJ6942号

煤矿安全规程：2025年修订版

MEIKUANG ANQUAN GUICHENG：2025 NIAN XIUDINGBAN

经销/新华书店

印刷/保定市中画美凯印刷有限公司

开本/880毫米×1230毫米 64开	印张/ 7.5 字数/ 163千
版次/2025年8月第1版	2025年8月第1次印刷

中国法治出版社出版

书号 ISBN 978-7-5216-5628-2　　　　　　　　　定价：25.00元

北京市西城区西便门西里甲16号西便门办公区

邮政编码：100053　　　　　　　　　　　传真：010-63141600

网址：http://www.zgfzs.com　　　　编辑部电话：**010-63141798**

市场营销部电话：010-63141612　　　印务部电话：**010-63141606**

（如有印装质量问题，请与本社印务部联系。）

ISBN 978-7-5216-5628-2

定价：25.00元